感谢伤害你的人

思履 编著

吉林文史出版社
JILIN WENSHI CHUBANSHE

图书在版编目（CIP）数据

感谢伤害你的人 / 思履编著. -- 长春 : 吉林文史出版社, 2018.11（2021.12重印）

ISBN 978-7-5472-5788-3

Ⅰ. ①感… Ⅱ. ①思… Ⅲ. ①成功心理-通俗读物Ⅳ. ①B848.4-49

中国版本图书馆CIP数据核字(2018)第263794号

感谢伤害你的人

出版人　张　强
编著者　思　履
责任编辑　弭　兰
封面设计　韩立强
出版发行　吉林文史出版社有限责任公司
地　　址　长春市净月区福祉大路5788号出版大厦
印　　刷　天津海德伟业印务有限公司
版　　次　2018年11月第1版
印　　次　2021年12月第3次印刷
开　　本　880mm×1230mm　1/32
字　　数　210千
印　　张　8
书　　号　ISBN 978-7-5472-5788-3
定　　价　38.00元

前言

著名诗人顾城曾说过这样一句话："人可生如蚁而美如神。"

人生是残酷的，人类是脆弱的。人生在世，免不了要遭受苦难。它有时是个人不可抗拒的天灾人祸，例如遭遇乱世或灾荒、患上危及生命的重病乃至绝症、挚爱的亲人去世等；有时是个人在社会生活中的重大挫折，例如失恋、婚姻失败、事业失败等。有些人即使在这两方面运气都好，未尝过大苦，却也无法避免所有人迟早要承受的苦难——死亡。

在这个世界上，一个人就像一只蚂蚁一样，一生匍匐在大地之上劳作，备受折磨。很多人在面对种种折磨的时候，听天由命，最后就真的成了蚂蚁，平庸地度过一辈子。但面对这样的人生，有些人却超越了这一切，他们每天都有快乐的笑容，他们把幸福的感觉洋溢在自己周围，他们的美丽仿若天神，他们拥有幸福快乐的一生。他们对折磨抱持一种感谢的态度，世界在他们的眼中变了一个样。苦难、挫折和失败在别人的眼中如洪水猛兽，但在他们眼中却自有一种美好，他们不逃避一切，勇敢地迎难而上，他们的人生变得与众不同。人要是惧怕痛苦，惧怕折磨，惧怕不测的事情，那么他的人生就只剩下"逃避"二字。

其实，世间的事就是这样，如果你改变不了世界，那就改变你自己吧。换一种眼光去看世界，你会发现所有的折磨其实都是促进你生命成长的“清新氧气”。

人们往往把外界的折磨看作人生中纯粹消极的、应该完全否定的东西。当然，外界的折磨不同于主动的冒险，冒险有一种挑战的快感，而我们忍受折磨总是迫不得已。但是，人生中的折磨，它总是完全消极的吗？清代著名文学家金兰生在《格言联璧》中写道：“经一番挫折，长一番见识；容一番横逆，增一番气度。”由此可见，那些挫折和横逆的折磨对人生不但不是消极的，还是一种促进你成长的积极因素。如果你想出人头地，就必须调整自己对所受折磨的想法，让积极的想法代替消极的看法，如此，才能看见自己生命的阳光。每个人都必须毫无抱怨地接受并感恩折磨，因为正是生命中的折磨激发我们靠着自己的力量，建筑起坚固的信念。当这一切转化为动力时，也正是我们实现目标的重要时刻。法国文豪罗曼·罗兰曾说：“从远处看，人生的不幸折磨还很有诗意呢！一个人最怕庸庸碌碌地度过一生。”

很多人都害怕遭受折磨，其实折磨与幸福这看似相反的两者，却有一个最大的共同之处，就是都直接和灵魂有关，并且都牵涉到对生命意义的评价。在通常情况下，我们的灵魂是沉睡着的，一旦我们感到幸福或遭到折磨时，它便醒来了。如果说幸福是灵魂愉悦之源，这愉悦来自对生命的美好意义的强烈感受；那么，折磨之为折磨，正在于它能够撼动生命的根基，打击了人们对生命意义的信心，因而使人的肉体和灵魂陷入巨大的痛苦之中。生命中所经历的一切，无论是值得肯定还是怀疑、否定，只要是真切的，就有存在的意义。外部的事件再悲惨，如果它没有震撼灵魂，不成为一个精神事件，就称不上是折磨。一种东西能够把灵魂震醒，使之处于虽然痛苦却富有生机的紧张状态，它必然具有某种精神价值。当你不断遭受折磨，你的灵魂也在不断地折磨中不断升华，最终，你将在不断地进步中趋近完美的人生。

成功者往往都是在巨大的折磨中诞生的，他们常常把折磨当作一种历练、一种激励、一种教训……

生活中，当我们遭受批评、伤害、欺负、背叛、欺骗、责罚、讽刺等等这些折磨时，我们不要愤恨、抱怨，更不要以牙还牙，相反，我们要感谢那些折磨我们的人。因为他们增加了我们的智慧，激发了我们的斗志，强化了我们的意志，让我们变得更加坚强……如果你已是一个成功者，那么只要你仔细回想一下，你就会发现真正促使你进步、成功的，不单是自己的能力，不单是朋友和亲人的鼓励，更多的时候，是你的对手激发了你的潜能，促使你不断进步。折磨是成功的阶梯，是人生最好的老师。只要在折磨中看到积极的一面，一个人就会在折磨中走向成功。

你还在遭受工作的折磨吗？

你还在遭受老板和上司的折磨吗？

你还在遭受失恋的折磨吗？

你还在遭受家人和师长的折磨吗？

你还在遭受病痛的折磨吗？

……

的确，我们必须体验折磨的痛苦，才能体会到获得的喜悦。一个真正的成功者，应该能够忍受折磨。你只有感谢曾经折磨过自己的人或事，才能体会出那实际上短暂而有风险的生命的意义；你只有懂得宽容自己不可能宽容的人，才能看见自己内心的辽阔，才能重新认识自己……如果你现在还在遭受这样那样的折磨，你就该庆幸，因为命运给了你一次战胜自我、升华自我的机会。换一种眼光来看待这些折磨吧，感谢那些在工作和生活中折磨你的人，你就会获得幸福。因为折磨是上帝送给你的礼物，感恩是你对世界的馈赠，懂得感谢折磨你的人是一种真正的智慧。本书以生动的事例从心态、事业、生活、工作、爱情、亲情、交际、财富、竞争等诸多方面，教会读者面对折磨自己的人时，不是在愤恨、抱怨中自暴自弃，更不要以牙还牙地报复，而是把折磨转化为激励自己前进的动力，踏踏实实地做事，在逆境中积蓄力量，徐图进取，最终取得成功。

目 录

绪 论

为什么要感谢折磨你的人

学会感谢折磨自己的人，才能真正能够领悟成功的真谛。

人生活在这个世界上，总会经历这样那样的烦心事，这些事总是会折磨人的心智，使人不得安稳。

生命是一次次蜕变的过程。唯有经历各种各样的折磨，才能增加展生命的厚度。通过一次又一次与各种折磨握手，历经反反复复几个回合的较量，人生的阅历就在这个过程中日积月累、不断丰富。

在人生的岔道口，若你选择了一条平坦的大道，你可能会有一个舒适而享乐的青春，但你就会失去一个很好的历练机会；若你选择了坎坷的小路，你的青春也许会充满痛苦，但人生的真谛也许就此被你打开。

蝴蝶的幼虫是在一个洞口极其狭小的茧中度过的。当它的生命要发生质的飞跃时，这个狭小的通道对它来讲无疑如同鬼门关，那娇嫩的身躯必须竭尽全力才可以破茧而出。许多幼虫在往外冲杀的时候力竭身亡，不幸成了飞翔的祭品。

有的人动了恻隐之心，企图将那幼虫的生命通道修得宽阔一些，他用剪刀把茧的洞口剪大。这样一来，所有受到帮助而见到天日的蝴蝶都不是真正的飞行精灵——它们无论如何也飞不起来，只能拖着丧失了飞翔功能的双翅在地上笨拙地爬行！原来，那“鬼门关”般的狭小茧洞恰恰是帮助蝴蝶幼虫两翼成长的关键所在，穿越的时候，通过用力挤压，血液才能顺利输送到蝶翼的组织中去——唯有两翼充血，蝴蝶才能振翅飞翔。人为地将茧洞剪大，蝴蝶的翼翅就没有了充血的机会，爬出来的蝴蝶便永远与飞翔绝缘。

成长的过程恰似蝴蝶的破茧过程，在痛苦的挣扎中，意志得到磨炼，力量得到加强，心智得到提高，生命在痛苦中得到升华。当你从痛苦中走出来时，就会发现，你已经拥有了飞翔的力量。如果没有挫折，也许就会像那些受到“帮助”的蝴蝶一样，萎缩了双翼，平庸一生。

有个渔夫有着一流的捕鱼技术，被人们尊称为“渔王”。依靠捕鱼所得的钱，“渔王”积累了一大笔财富。然而，年老的“渔王”却一点儿也不快活，因为他三个儿子的捕鱼技术都极其平庸。

于是他经常向人倾诉心中的苦恼：“我真想不明白，我捕鱼的技术这么好，我的儿子们为什么这么差？我从他们懂事起就传授捕鱼技术给他们，从最基本的东西教起，告诉他们怎样织网最容易捕捉到鱼，怎样划船最不会惊动鱼，怎样下网最容易请鱼入瓮。他们长大了，我又教他们怎样识潮汐，辨鱼汛……凡是我多年来辛辛苦苦总结出来的经验，我都毫无保留地传授给了他们，可他们的捕鱼技术竟然赶不上技术比我差的其他渔民的儿子！”

一位路人听了他的诉说后，问：“你一直手把手地教他们吗？”

“是的，为了让他们学会一流的捕鱼技术，我教得很仔细、很耐心。”

“他们一直跟随着你吗？”

“是的，为了让他们少走弯路，我一直让他们跟着我学。”

路人说："这样说来，你的错误就很明显了。你只是传授给了他们技术，却没有传授给他们教训，对于才能来说，没有教训与没有经验一样，都不能使人成大器。"

是啊，渔夫的儿子们从来都没有经受过一点儿挫折的折磨，他们怎么会获得成长呢?

人生其实没有弯路，每一步都是必须。所谓失败、挫折并不可怕，正是它们才教会我们如何寻找到经验与教训。如果一路都是坦途，那只能像渔夫的儿子那样，沦为平庸之辈。

没有经历过风霜雨雪的花朵，无论如何也结不出丰硕的果实。或许我们习惯羡慕他人的成功，感叹他人得到的掌声，但是别忘了，温室的花朵注定要失败。正所谓"台上十分钟，台下十年功"，在他们光荣的背后一定有汗水与泪水共同浇铸的艰辛。

所以，一个成功的人，一个有眼光和思想的人，都要学会感谢折磨自己的人，唯有以这种态度面对人生，才能算真正的成功。

生活在折磨中升华

只有历经折磨的人，才能够更快、更好地成长。生活，只能在折磨中得到升华。

自从人类被赶出了伊甸园，人类的日子就不好过了。人的一生，总会遇到失业、失恋、离婚、破产、疾病等厄运，即使你比较幸运，没有遭遇以上那些厄运，你也可能要面临升学压力、工作压力、生活压力等各种烦心事，这些事在人生的某一时期萦绕在你的周围，时时刻刻折磨着你的心灵，使你寝食难安。

法国作家杜伽尔曾说过这样一句话："不要妥协，要以勇敢的行动，克服生命中的各种障碍。"

被誉为“经营之神”的松下幸之助并不是一个幸运儿，不幸的生活却促使他成为一个永远的抗争者。家道中落的松下幸之助9岁起就去大阪做一个小伙计，父亲的过早去世使得15岁的他不得不担负起生活的重担，寄人篱下的生活使他过早地体验了做人的艰辛。

1910年，松下幸之助独自来到大阪电灯公司做一名室内安装电线练习工，一切从头学起。不久，他诚实的品格和上乘的服务赢得了公司的信任。22岁那年，他晋升为公司最年轻的检验员。就在这时，他遇到了人生最大的挑战。

松下幸之助发现自己得了家族病，已经有9位家人在30岁前因为家族病离开了人世，这其中包括他的父亲和哥哥。当时的境况使他不可能按照医生的吩咐去休养，只能边工作边治疗。他没了退路，反而对可能发生的事情有了充分的精神准备，这也使他形成了一套与疾病作斗争的办法：不断调整自己的心态，以平常之心面对疾病，调动机体自身的免疫力、抵抗力与病魔斗争，使自己保持旺盛的精力。这样的过程持续了一年，他的身体也变得结实起来，内心也越来越坚强，这种心态也影响了他的一生。

患病一年以来的松下幸之助并没有放弃改良插座，但公司却未来用他改良的插座。他的愿望受挫，最终他下决心辞去公司的工作，开始独立经营插座生意。

松下电器公司不是一个一夜之间成功的公司。创业之初，正逢第一次世界大战，物价飞涨，而松下幸之助手里的所有资金还不到100日元，困难可想而知。公司成立后，最初的产品是插座和灯头，然而当千辛万苦才生产出来的产品遇到棘手的销售问题时，工厂竟到了难以为继的地步，员工相继离去，松下幸之助的境况变得很糟糕。

但他把这一切都看成是创业的必然经历，他对自己说："再下点儿功夫，总会成功的！已有更接近成功的把握了。"他相信：坚持下去取得成功，就是对自己最好的报答。功夫不负有心人，生意逐渐有了转机，直到 6 年后拿出第一个像样的产品，也就是自行车前灯时，公司才慢慢走出了困境。

1945 年，日本的战败使得松下幸之助变得几乎一无所有，剩下的是到1949年时达10亿元的巨额债务。为抗议把公司定为财阀，松下幸之助不下 50 次去驻日美军司令部进行交涉，其中辛苦自不必言。

一次又一次的打击并没有击垮松下幸之助，他享年 94 岁高龄，这也向人们表明，一个人只有从心智成熟、心胸宽广时，他才可以长寿。他之所以能够走出遗传病的阴影，安然度过企业经营中的一个个惊涛骇浪，得益于他永葆一颗年轻的心，并能坦然应对生活中各种挫折的折磨。松下幸之助说过："你只要有一颗谦虚和开放的心，你就可以在任何时候从任何人身上学到很多东西。无论是逆境或顺境，坦然的处世态度，往往会使人更聪明。"

人生在天地之间，就要面临各种各样的压力，这些压力对人形成一种无形的折磨，使很多人觉得人生在世就是一种苦难。

其实，我们远不必这么悲观，生活中有各种各样的折磨人的事，但是生命不一直在延续吗？人类不也一直在前进吗？很多事情当我们回过头来再去看的时候，就会发现，生命历经折磨以后，反而更加欣欣向荣。

事实就是这样，没有经过风雨折磨的禾苗永远不能结出饱满的果实；没有经过折磨的雄鹰永远不能高飞；没有经过折磨的士兵永远不会当上元帅；没有被老板、上司折磨过的员工也永远不能提高业务能力……这就是自然界告诉我们的一个很简单的道理：一切事物如果想要变得更强，必须经过折磨。

人也一样，只有历经折磨的人，才能够更快、更好地成长。生活，永远只能在折磨中得到升华。

给自己一个突破自我的机会

一个人不管你想要在哪个方面获得成功，也不管你能够获得成功的条件和环境有多么好，如果你不能突破自我便不能成功。

伏尔泰说："不经历巨大的痛苦，不会有伟大的事业。"我们每做一件事，都会在自我心中形成一个障碍，直至完成，这些障碍都会一直存在，很多人因此而陷入失败。

很多人花费许多力气去找寻"无法成功"的原因，其实他们不知道自我设限就是主要原因。

因此，在面临生活中这样那样的不如意时，不妨将这些不如意当作一次突破自我的机会，勇敢地跨越自我的极限，生命就会更上一层楼。

古籍《五灯会元》上曾记载这样一则故事：德山禅师在尚未得道之时曾跟着龙潭大师学习，日复一日地诵经苦读让德山有些忍耐不住。一天，他跑来问师父："我就是师父翼下正在孵化的一只小鸡，真希望师父能从外面尽快地啄破蛋壳，让我早日破壳而出啊！"

龙潭笑着说："被别人剥开蛋壳而出的小鸡，没有一个能活下来的。母鸡的羽翼只能提供让小鸡成熟和有破壳力的环境，你突破不了自我，最后只能胎死腹中。不要指望师父能给你什么帮助。"

德山听后，满脸迷惑，还想开口说些什么，龙潭说："天不早了，你也该回去休息了。"德山撩开门帘走出去时，看到外面非常黑，就说："师父，天太黑了。"龙潭便给了他一支点燃的蜡烛，他刚接过来，龙潭就把蜡烛熄灭，并对德山说："如果你心头一片黑暗，那么，什么样的蜡烛也无法将其照亮啊！即使我不把蜡烛吹灭，说不定哪阵风也要将其吹灭！只有点亮心灯一盏，天地自然一片光明。"

德山听后，如醍醐灌顶，后来果然青出于蓝，成了一代大师。

鹰是世间寿命最长的鸟类，它一生的年龄可达70岁。在40岁时，它如果要继续活下去，必须经历一次痛苦的重生。

当鹰活到40岁时，它的爪子开始老化，不能有力地抓住猎物。它的喙开始变得又长又弯，几乎触到胸膛。它的翅膀也开始变得沉重，因为它的羽毛长得又浓又厚，飞翔都显得有些吃力。

这时它只有两种选择：等死，或开始一次痛苦的重生——150天漫长的折磨。它必须很卖力地飞到山顶，在悬崖上筑巢，停留在那里，不能飞翔。

鹰首先用它的喙击打岩石，直到喙完全脱落。然后静静地等待新的喙长出来。它会用新长出的喙把指甲一根一根地拔出来。当新的指甲长出来后，就再把羽毛一根一根地拔掉。5个月以后，新的羽毛长出来了，鹰经历了一次再生。

如果40岁的鹰选择逃避，那么等待它的就是生命的枯萎，它唯有选择经历苦痛，生命才得以再生。重生与成功的道路上注定会荆棘密布。

人生道路上，每一次辉煌的背后肯定都有一个凤凰涅槃的故事，世上没有不弯的路，人间没有不谢的花。折磨原本就是生命旅途中一道不可或缺的风景。

生命，总是在各种各样的折磨中茁壮成长。

错过花朵，你将收获雨滴

如果你为错过太阳而哭泣，那么你将会错过群星。因此，不要再为错过而惋惜了，看看你能收获什么。

生活中有一种痛苦叫错过。人生中一些极美、极珍贵的东西，常常与我们失之交臂，这时的我们总会因为错过美好而感到遗憾和痛苦。其实喜欢一样东西不一定非要得到它，俗话说："得不到的东西永远是最好的。"当你为一份美好而心醉时，远远地欣赏它或许是最明智的选择，错过它或许还会给你带来意想不到的收获。

美国的哈佛大学要在中国招一名学生，这名学生的所有费用由美国政府全额提供。初试结束了，有 30 名学生成为候选人。

考试结束后的第 10 天，是面试的日子。30 名学生及其家长云集锦江饭店等待面试。当主考官劳伦斯·金出现在饭店的大厅时，一下子被大家围了起来，他们用流利的英语向他问候，有的甚至还迫不及待地向他做自我介绍。这时，只有一名学生，由于起身晚了一步，没来得及围上去，等他想接近主考官时，主考官的周围已经是水泄不通了，根本没有插空而入的可能。

于是他错过了接近主考官的大好机会，他觉得自己也许已经错失了机会，于是有些懊丧起来。正在这时，他看见一个外国女人有些落寞地站在大厅一角，目光茫然地望着窗外，他想："身在异国的她是不是遇到了什么麻烦？不知道自己能不能帮上忙。"于是他走过去，彬彬有礼地和她打招呼，然后向她做了自我介绍，最后他问道："夫人，您有什么需要我帮助的吗？"接下来两个人聊得非常投机。

后来这名学生被劳伦斯·金选中了，在 30 名候选人中，他的成绩并不是最好的，而且面试之前他错过了跟主考官接触，加深自己在主考官心目中印象的最佳机会，但是他却无心插柳柳成荫。原来，那位异国女子正是劳伦斯·金的夫人，这件事曾经引起很多人的震动：原来错过了美丽，收获的并不一定是遗憾，有时甚至可能是圆满。

因此，在你感觉到人生处于最困顿的时刻，也不要为错过而惋惜。失去的折磨会带给你意想不到的收获。花朵虽美，但毕竟有凋谢的一天，请不要再对花长叹了，因为可能在接下来的时间里，你将收获雨滴。

感谢折磨你的人就是在感恩命运

学会感谢那些在工作中、生活中折磨你的人。唯有感谢，你才能领悟到折磨对你的价值所在。

面对人生中各种各样的不顺心事，你要保持感谢的态度，因为唯有折磨才能使你不断地成长。法国启蒙思想家伏尔泰说："人生布满了荆棘，我们晓得的唯一办法是从那些荆棘上面迅速踏过。"人生是不平坦的，但同时也说明生命正需要磨炼。"燧石受到的敲打越厉害，发出的光就越灿烂。"正是这种敲打才使它发出光来，因此，燧石需要感谢那些敲打。人也一样，感谢折磨你的人，你就是在感恩命运。

美国独立企业联盟主席杰克·弗雷斯从13岁开始就在他父母的加油站工作。弗雷斯想学修车，但他父亲让他在前台接待顾客。当有汽车开进来时，弗雷斯必须在车子停稳前就站到司机门前，然后去检查油量、蓄电池、传动带、胶皮管和水箱。

弗雷斯注意到，如果他干得好的话，顾客大多还会再来。于是弗雷斯总是多干一些，帮助顾客擦去车身、挡风玻璃和车灯上的污渍。有一段时间，每周都有一位老太太开着她的车来清洗和打蜡。这个车的车内踏板凹陷得很深，很难打扫，而且这位老太太极难打交道，每次当弗雷斯给她把车清洗好后，她都要再仔细检查一遍，让弗雷斯重新打扫，直到清除掉每一缕棉绒和灰尘，她才满意。

终于有一次，弗雷斯忍无可忍，不愿意再侍候她了。他的父亲告诫他说："孩子，记住，这就是你的工作！不管顾客说什么或做什么，你都要做好你的工作，并以应有的礼貌去对待顾客。"

父亲的话让弗雷斯深受震动，许多年以后他仍不能忘记。弗雷斯说："正是在加油站的工作使我学到了严格的职业道德和应该如何对待顾客，这些东西在我以后的职业生涯中起到了非常重要的作用。"

其实，弗雷斯的成功与他懂得感谢那些折磨自己的人有着莫大的关系。"吃一堑，长一智"，那些让你"吃一堑"的人正是给你"一智"的客观条件。你为什么不对他们心存感激呢？学会感谢折磨你的人，这样，你注定会与成功结缘。

从现在起，感谢折磨你的人吧

人不能总停留在原地，而是要努力向前。感谢折磨你的人，你将得到更迅捷的发展速度。

对于生活中的各种折磨，我们应时时心存感激。只有这样，我们才会常常有一种幸福的感觉，纷繁芜杂的世界才会变得鲜活、温馨和动人。一朵美丽的花，如果你不能以一种美好的心情去欣赏它，它在你的心中和眼里也就永远娇艳妩媚不起来，而如同你的心情一般灰暗和没有生机。

只有心存感激，我们才会把折磨放在背后，珍视他人的爱心，才会享受生活的美好，才会发现世界原本有很多温情。心存感激，是一种人格的升华，是一种美好的人性。只有心存感激，我们才会热爱生活，珍惜生命，以平和的心态去努力地工作与学习，使自己成为一个有益于社会的人。心存感激，我们的生活就会洋溢着更多的欢笑和阳光，世界在我们眼里就会更加美丽动人。

有个 70 岁的日本老先生，拿了一幅祖传的珍贵名画来到电视台上节目，要求“开运鉴定团”的专家鉴定。他说，他的父亲说这是价值数百万日元的宝物，他总是战战兢兢地保护着，由于自己不懂艺术，因而想请专家鉴定画的价值。

结果揭晓，专家认为它是赝品，连一万日元都不值，主持人问老先生：“你一定很难过吧？”这位来自乡下的老先生脸上的线条却在短时间内变得无比柔软，他憨厚地微笑道：“啊！这样也好。不会有人来偷，我可以安心地把它挂在客厅里了。”

老先生的自我解嘲令人感慨：失去竟然可以比拥有轻松。

就像故事中的日本老先生一样，如果生活给了你一个让你痛苦的理由，这时，你要保存一颗感恩的心。心存感恩，你的人格会在感恩中升华，生活对于你就只有快乐，没有痛苦，你就会拥有一个成功而快乐的人生！

从今天开始，感谢折磨你的人吧！正如网上流传的一首诗写的那样：

凡事感激，感激伤害你的人，因为他磨炼了你的心志；

感谢欺骗你的人，因为他增进了你的智慧；

感谢中伤你的人，因为他砥砺了你的人格；

感谢鞭打你的人，因为他激发了你的斗志；

感谢遗弃你的人，因为他教导你该独立；

感谢绊倒你的人，因为他强化了你的双腿；

感谢斥责你的人，因为他提醒了你的缺点；

凡事感谢，学会感谢，感谢一切使你成长的人！

其实，在所有成功路上绊倒你的“折磨”，背后都隐藏着激励你奋发向上的另一面。换句话说，想要成功的人，都必须懂得如何将别人对自己的折磨，转化成一种让自己克服挫折的磨炼，这样的磨炼将让未成功的人成长、进步，更让他们向成功又跨进了实实在在的一步。王尔德曾经写道：“世上只有一件事比遭遇折磨还糟糕，那就是从来不曾被人折磨过。”因为，当一个人受尽折磨时，他的潜能才能被激发出来，而且唯有此时，他才能越挫越勇，逼自己去突破现状！

因此，我们要学会感谢，感谢折磨过你的人，固然当时是痛苦的，但苦楚的进程也是自己逐渐成熟的进程。面对曾经一度使我们难以承受的痛苦和磨难，我们没有办法使它们消失，但我们可以决定处理它的方法和态度，假如你的眼睛始终看着星星的美好，心灵就不可能被黑暗吞噬。当苦楚变成往事时，自己将会庆幸，正如不经历风雨哪能见彩虹一样，有时磨难真的是一笔财富。在经历了心灵的阵痛后得到的是对人生的思考，是心灵的升华。

我们应该学会看到事情美好的一面，学会看到别人带给我们的积极影响。人的一生之中，难免会遇到坎坷，难免会遭受折磨，每当这些时候，我们是放纵自己，让内心仇恨的火焰燃烧，还是轻轻一笑，感谢磨难呢？在生活中，一定要让自己豁达些，因为豁达的自己才不至于钻入牛角尖，也才能乐观进取。还要开朗些，因为开朗的自己才有可能把快乐带给别人，让生活中的气氛显得更加愉悦。心里如要常常保持快乐，就必须不把人与人之间的琐事当成是非；有些人常常在烦恼，别人一句无心的话，他却有意地接受，并堆积在心中。

一个人的快乐，不是因为他拥有得多，而是因为他计较得少。多是负担，是另一种失去；少并非不足，而是另一种有余；舍弃也不一定是失去，而是另一种更宽阔的拥有。美好的生活应该是时时拥有一颗轻松自在的心，不管外在的世界如何变化，自己都能有一片清静的天地。清静不在热闹繁杂中，更不在一颗欲求太多的心中，放下挂碍、开阔心胸，心里自然清静无忧。我们的心念意境，如能时常保持清明开朗，则展现于周遭的环境，都是美好而良善的。

第一章

感谢生命中折磨你的人

第一节　每个人都需要一颗渴望成功的心

树立雄心，突破生命困境

害怕暗礁而躲在港湾中，虽然不会有什么危险，但是你永远也不能到达渴望的目的地。

很多时候，阻挡我们前进的不是别人，而是我们自己。自我可以使你走向成功的坦途，同时，它也可能会让你坠入失败的深渊。

在一棵干枯的桑树上住着一只蜗牛，这只蜗牛自出生以来就一直住在这棵树上。一天，风和日丽，蜗牛小心翼翼地伸出头来看了看，慢吞吞地爬到地面上，把一节身子从硬壳里伸到外面懒洋洋地晒太阳。这时，蚂蚁正在紧张地劳动，一队接着一队急速地从蜗牛身边走过。看见蚂蚁在阳光下来回走动的样子，蜗牛不觉有些羡慕起来，于是，它放开嗓门对蚂蚁说："喂，蚂蚁老弟，看见你们这样，我真羡慕你们啊！"

一只蚂蚁听到了，就停在蜗牛旁边，仰着头对蜗牛说："来，朋友，咱们一起干活吧！"

蜗牛听了，不由自主地把头往回缩了一下，有点儿惊慌地说："不，你们要到很远的地方去，我不能跟你们一起去。"

蚂蚁奇怪地问："为什么啊？走不动吗？"

蜗牛犹豫了半天，吞吞吐吐地说："离家远了，要是天热了怎么办呢？要是下雨了怎么办啊？"

蚂蚁听了，没好气地说："要是这样，那你就躲到你的那个硬壳里好好睡觉吧！”说完，匆匆追赶自己的大部队去了。

对于蚂蚁的话，蜗牛倒也不怎么在乎。不过，蜗牛实在想到远处看看。经过深思熟虑之后，蜗牛终于大着胆子把自己的另一节身子也从硬壳里伸了出来。正在这时，几片树叶落在地上，发出轻微的响声。蜗牛吓得像遭遇了雷击一样，一下子就把整个身子缩回硬壳里去了。

过了好久，蜗牛才小心翼翼地把头伸到外面，外面仍然像先前一样的晴朗和宁静，并没有发生什么事情。只是蚂蚁已经走得很远了，看不见了。

蜗牛悠悠地叹了一口气说：“唉！我真羡慕你们啊！可惜我不能和你们一起走。”说完，依旧懒洋洋地晒太阳。

蜗牛的壳是保护自己的最重要的“盾牌”，也是它最恋恋不舍的“家”，然而也正是这个家，绊住了它前进的脚步。

人类的心理有时和蜗牛的心理差不多，总是喜欢安于现状，对于突破自我可能遇到的困难总是下意识地逃避，就好像手碰到火、触到电会缩回去一样。但是人生的某些挫折并不会因为你的逃避而消失，相反，它还会因为你的逃避而由意识变为潜意识，再不知不觉地由潜意识变成无意识，最终它会一辈子跟随你，使你逐渐地步入人生的荒漠。

每个人都需要一颗渴望成功的心

心界决定一个人的世界。只有渴望成功，你才能有成功的机会。

《庄子》里说北方有一个大海，海中有一条叫作鲲的大鱼，宽几千里，没有人知道它有多长。它变成鸟，叫作鹏，它的背像泰山，翅膀像天边的云，飞起来，乘风直上九万里的高空，超绝云气，背负青天，飞往南海。

蝉和斑鸠讥笑它说："我们愿意飞的时候就飞，碰到松树、檀树就停在上边；有时力气不够，飞不到树上，就落在地上，何必要高飞九万里，又何必飞到那遥远的南海呢？"

那些心中有着远大理想的人常常是不能为常人所理解的，就像目光短浅的麻雀无法理解大鹏的鸿鹄之志一样，更无法想象大鹏靠什么飞往遥远的南海。因而，像大鹏一样的人必定要比常人忍受更多的艰难曲折，忍受心灵上的寂寞与孤独。因而，他们必须要坚强，把这种坚强潜移到他的远大志向中去，这就铸成了坚强的信念。这些信念熔铸而成的理想将带给大鹏一颗伟大的心灵，而成功者正脱胎于这些伟大的心灵。

本·霍根是世界上最伟大的高尔夫选手之一。他并没有其他选手那么好的体能，能力上也有一点儿缺陷，但他在坚毅、决心特别是追求成功的强烈愿望方面高人一筹。他在巅峰时期，不幸遭遇了一场车祸。在一个有雾的早晨，他跟太太维拉丽开车行驶在公路上，当他在一个拐弯处掉头时，突然看到一辆巴士迎面驶来。本·霍根想这下可惨了，他本能地把身体挡在太太前面来保护她。这个举动反而救了他，因为方向盘深深地嵌入了驾驶座。事后他昏迷不醒，过了好几天才脱离险境。医生们认为他的高尔夫生涯从此结束了，甚至断定如果他能站起来走路就已经很幸运了。

但是他们并未将本·霍根的意志与需要考虑进去。他刚能站起来走几步，就萌发了一定要成功的梦想。他不停地练习，并增强臂力。无论到哪里工作，他都保留高尔夫俱乐部会员的资格。起初他还站得不稳，再次回到球场时，也只能在高尔夫球场蹒跚而行。后来他稍微能工作、走路，就走到高尔夫球场练习。开始只打几球，但是他每次去都比上一次多打几球。最后，当他重新参加比赛时，名次很快地升上去了。理由很简单，他有必赢的强烈愿望，他知道他又会回到高手之列。是的，成功者跟普通人的差别就是有无这种强烈的成功愿望。

成功学大师卡耐基曾说：“欲望是开拓命运的力量，有了强烈的欲望，就容易成功。”成功是努力的结果，而努力又大都产生于强烈的欲望。正因为这样，强烈的创富欲望，便成了成功创富最基本的条件。如果你不想再过贫穷的日子，就要有创富的欲望，并让这种欲望时时刻刻激励你，让你向着这一目标坚持不懈地前进。许多成功者有一个共同的体会，那就是创富的欲望是创造和拥有财富的源泉。

20 世纪人类的一项重大发现就是认识到思想能够控制行动。你怎样思考，你就会怎样去行动。你要是强烈渴望致富，你就会调动自己的一切能量去创富，使自己的一切行动、情感、个性、才能与创富的欲望相吻合。对于一些与创富的欲望相冲突的东西，你会竭尽全力去克服；对于有助于创富的东西，你会竭尽全力地去扶植。这样，经过长期的努力，你便会成为一个创富者，使创富的愿望变成现实。相反，要是你创富的愿望不强烈，一遇到挫折，便会偃旗息鼓，将创富的愿望压抑下去。

保持一颗持久的渴望成功的心，你就能获得成功。

播下希望的种子

在心中播下希望的种子，你就能够在艰苦的岁月中抱有一份希望，不至于被各种困难吓倒，最终走出困境，达到理想的目标。

世事无常，我们随时都会遇到困厄和挫折。遇见生命中突如其来的困难时，你都是怎么看待的呢？不要把自己禁锢在眼前的困苦中，眼光放长远一点，当你看得见成功的未来远景时，便能走出困境，达到你梦想的目标。

在一座偏僻遥远的山谷里的断崖上，不知何时，长出了一株小小的百合。它刚诞生的时候，长得和野草一模一样，但是，它心里知道自己并不是一株野草。它的内心深处,有一个美好的念头：“我是一株百合，不是一株野草。唯一能证明我是百合的方法，就是开出美丽的花朵。”它努力地吸收水分和阳光，深深地扎根，直直地挺着胸膛，对附近的杂草置之不理。

百合努力地释放内心的能量，百合心想：“我要开花，是因为我知道自己有美丽的花；我要开花，是为了完成作为一株花的庄严使命；我要开花，是由于自己喜欢以花来证明自己的存在。不管你们怎样看我，我都要开花！”

终于，它开花了。它那灵性的白和秀挺的风姿，成为断崖上最美丽的风景。年年春天，百合努力地开花、结籽。最后，这里被称为“百合谷地”，因为这里到处是洁白的百合。

我们生活在一个竞争十分激烈的社会,有时在某方面一时落后,有时困难重重，有时连连失败，甚至有时被人嘲笑……但无论什么时候，我们都不能放弃努力；无论什么时候，我们都应该像那株百合一样，为自己播下希望的种子。

内心充满希望，它可以为你增添一分勇气和力量，它可以支撑身体的傲骨。当莱特兄弟研究飞机的时候，许多人都讥笑他们是异想天开，当时甚至有句俗语说：“上帝如果有意让人飞，早就使他们长出翅膀。”但是莱特兄弟毫不理会外界的说法，终于发明了飞机。当伽利略以望远镜观察天体，发现地球绕太阳而行的时候，教皇曾将他下狱，命令他改变观点，但是伽利略依然继续研究，并著书阐明自己的学说，终于在后来获得了证实。最伟大的成就，常属于那些在人们都认为不可能的情况下却能坚持到底的人。坚持就是胜利，这是成功的一条秘诀。

暂时的落后一点儿都不可怕，自卑的心理才是可怕的。人生的不如意、挫折、失败对人是一种考验，是一种学习，是一种财富。我们要牢记“勤能补拙”，既能正确认识自己的不足，又能放下包袱，以最大的决心和最顽强的毅力克服这些不足，弥补这些缺陷。人的缺陷不是不能改变，而是看你愿不愿意改变。只要下定决心，讲究方法，就可以弥补自己的不足。

在不断前进的人生中，凡是看得见未来的人，也一定能掌握现在，因为明天的方向他已经规划好了，知道自己的人生将走向何方。留住心中“希望的种子”，相信自己会有一个无可限量的未来，心存希望，任何艰难都不会成为我们的阻碍。只要怀抱希望，生命自然会充满激情与活力。

大成功来自高层次的需要

一个人能取得多大的成功，不是取决于一个人才能的高低，而是取决于他有多高层次的需要。

在同样的一个社会，一些人成就大业，一些人取得小成功，一些人一事无成。不少人为了一个远大的目标，能经受住长年累月的奋斗考验，作长期的努力；也有不少人虽向往成功，却经受不起几次挫折便向困难投降。

你的需要是什么？产生的内在动力是强还是弱？一匹小马达，也许可以带动一辆小拖车，但绝对带动不了一列火车。

你想成就大业，很好。但你必须了解带动火车飞速前进的动力机车与一般小马达的区别。确切地说，你必须了解你内心世界能推动你前进的动力是什么，有多大。一般情况下，人们必须先生存后发展，所以人的低层次的生理需要、安全需要比高层次的爱的需要、尊重的需要更加强烈。自我实现的需要，一般要在前面四个层次的需要得到基本满足之后才会产生。

有些人由于长期没有得到低层次需要的满足，可能会永久地失去对高层次需要的追求。然而，从成功的大小来说，高层次的需要推动大成功，低层次的需要推动小成功。

有一位名叫麦克法兰的世界级运动员，两岁半便双目失明，但他硬是在母亲的鼓励和父亲的帮助下，以自己身体各个部分的“肌肉记忆”感知世界，他不仅获得了顽强的生存本领，而且在摔跤、滑水、游泳、掷铁饼、掷标枪等体育项目中获得了国内和国际比赛的103枚金牌，改变了盲人只能靠拐杖或导盲犬生活的命运，创造了许多健全者也难以做到的奇迹……

另一位著名人物的经历也很感人。

1921年8月，一位39岁的美国人突然患了小儿麻痹症，双腿僵直，肌肉萎缩，臀部以下完全麻木了。而这个沉重的打击发生在他作为民主党的副总统候选人参加竞选而败北以后，他的亲属、挚友都陷入极度失望之中，医生也说他能保住性命就已是万幸。但他不屈服于命运的坚强意志使他无论如何也“不相信这种娃娃病能整倒一个堂堂男子汉”。为了活动四肢，他经常练习爬行；为了锻炼意志，他把家里的人都叫来看他与刚学会走路的儿子进行比赛，一次次都爬得气喘吁吁，汗如雨下……目睹那催人泪下的场面时，谁也没想到10余年以后，他奇迹般地当选为美国第32任总统，坐着轮椅进入白宫。他就是美国历史上唯一一位连任四届的总统富兰克林·罗斯福。

欲望的力量是惊人的，只要你用强大的欲望之力去推动你成功的车轮，你就可以平步青云，攀上成功之峰，改变生活的一切。

像罗斯福这样的例子还有很多很多。如果把世界上类似的奇迹都倒推回它们刚刚开始出现的那种状态，我们就会惊奇地发现：一切都是从似乎“不可能”开始的。穿过开始和结局之间那个充满了拼搏奋斗、挫折失败和一个个小成功的漫长过程，我们所发现的这句凡人格言总是会得到证明：欲望可以改变一切。

在你的头脑中也有自我实现的钥匙，在你的身边也埋藏着无数愿望，把它们发掘出来加以培养，转化成强烈的欲望，这是打开成功之门的另一把钥匙。

拨正心中的指南针

很多时候我们已经很努力，可是成绩并不可观，这就是弄错了方向。自己不擅长的事，想做好一定很难，所以做事之前一定要选对方向。

“没有比漫无目的地徘徊更令人无法忍受的了”这是荷马史诗《奥德赛》中的一句至理名言。高尔夫球教练也总是说：“方向是最重要的。”其实，人生何尝不是如此。然而在现实生活中，有很多的人都做着毫无方向的事情，过着漫无目的的生活。这种没有方向的人生注定是失败的人生。

人生并不是什么时候都需要坚强的毅力，毅力和坚持只在正确的方向下才会有用。如果是必败的方向，毅力和坚持只会让人南辕北辙，输得更惨。大多数情况下，人更需要的是分辨方向的智慧。很多时候我们已经很努力，可是成绩并不可观，这就是弄错了方向。自己不擅长的事，想做好一定很难，所以做事之前一定要选对方向。

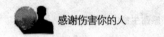

在20世纪40年代，有一个年轻人，先后在慕尼黑和巴黎的美术学校学习画画。“二战”结束后，他靠卖自己的画为生。

一日，他的一幅未署名的画，被他人误认为是毕加索的画而出高价买走。这件事情给了他一个启发。于是他开始大量地模仿毕加索的画，并且一模仿就是20多年。

20多年后，他一个人来到西班牙的一个小岛，他渴望安顿下来，筑一个巢。他又拿起画笔，画了一些风景和肖像画，每幅都签上了自己的真名。但是这些画过于感伤，主题也不明确，没有得到认可。更不幸的是，当局查出他就是那位躲在幕后的假画制造者，考虑到他是一个流亡者，所以没有判他永久的驱逐，而给了他两个月的监禁。

这个人就是埃尔米尔·霍里。毋庸置疑，埃尔米尔有独特的天赋和才华，但是由于没有找准自己努力的方向，终于陷进泥淖，不能自拔，并终究难逃败露的结局。最可惜的是，他在长时间模仿他人的过程中渐渐迷失了自己，再也画不出真正属于自己的作品了。

对人生而言，努力固然重要，但是更重要的则是选择努力的方向。

有一个年轻人痴迷于写作，每天笔耕不辍，用钢笔把稿件誊写得清清楚楚，寄给全国各地的杂志、报刊，然而，投出的稿子不是泥牛入海，就是只收到一纸不予采用的通知。他很苦恼，专门拿着稿子去请教一位名作家。作家看了他的稿子，只说了一句话：“你为什么不去练习书法呢？”

5年以后，他凭着自己出众的硬笔书法作品加入了省书法家协会。

一粒种子的方向是冲出土壤，寻找阳光；而一条根的方向是伸向土层，汲取更多的水分。人生亦如此，正确的方向让我们事半功倍，而错误的方向会让我们误入歧途，甚至误人一生。

对高尔夫球手来讲，方向就是门洞所在的位置，就是要击进下一个球；而对于人生而言，方向就是目标，就是在朝着长远目标的方向逐步实现、完成的一个个小目标。

耶鲁大学历时20余年做过这样一项调查：在开始的时候，研究人员向参与调查的学生问了这样一个问题："你们有目标吗？"对于这个问题，只有10%的学生确认他们有目标。然后研究人员又问了学生第二个问题："如果你们有目标，那么，你们是否把自己的目标写下来了呢？"这次总共有4%的学生的回答是肯定的。20年后，当耶鲁大学的研究人员在世界各地追访当年参与调查的学生时，他们发现，当年把自己人生目标写下来的那些人，无论是从事业发展还是生活水平上来说，都远远超过了另外那些没有这样做的同龄人。令人惊讶的是，这4%的人所拥有的财富居然超过了余下96%的人的总和。

上天是公平的，它给予了我们每个人一样的天空、一样的阳光、一样的雨露、一样的时间。成功的人之所以能实现生命的梦想，关键是他们在生命起程的那一刻就找准了前行的目标，尽管在前行的道路上会遇到各种各样难以预料的挫折与磨难，但是有了方向的引领,再大的风雨也阻挡不了他们前行的勇气。古今中外，无数名人志士，无一不是在人生方向的指引下，拨开云雾，实现自己的目标。著名的物理学家爱因斯坦在5岁时，父亲送给他一个罗盘。当他发现指南针总是指着固定的方向时，感到非常惊奇，觉得一定有什么东西深深地隐藏在这现象后面，他顽固地想要知道指南针为什么能指南。从那时起，他就把对电磁学等物理现象研究作为他人生的方向，并一直执着地追求着这个目标，最终成了世界物理科学的旗手。

人生的方向因人而异，各有不同。找准方向，是让我们根据自己的实际情况，确立一个合理的目标，而不是不切实际的空想；找准方向，我们才能在生命的征程中沿着轨迹稳步前行；找准方向，我们才能用一生的力量去实现最大的梦想。

人生的方向，需要用心去找，愿每个人都能找准自己的方向。

金钱并不是人生中最重要的

在人的一生中，金钱并不是最重要的东西，不要把金钱看得太重。

当一个人处于社会中弱势群体一边时，他势必对金钱拥有强烈的欲望，因为一旦拥有金钱，他就可以改变自己的地位，使自己不再被人呼来喝去，使自我认知发生天翻地覆的变化。

但金钱真的是最重要的吗？其实未必。人一定不能因为想要迫切改变现状而被金钱冲昏了头脑。对待金钱，人们既要热爱它，但又必须冷静地对待它。就像翁纳西斯说的："人们不应该追着金钱跑，而要迎面向它走去。"

金钱并不是人生中最重要的东西，你要掌握金钱，而不能让金钱掌握你。

一笔有限的收入有两种安排法：一种是精打细算地将衣、食、住、行小心翼翼地考虑进去，虽然事事顾全了，但最终觉得无收获；另一种是把钱花在自己喜好的事情上，如果难以做到兼顾的话，还不如先满足重要的方面，而在其他的方面克制一下。

安妮的父亲失业后，全家靠吃羊市上卖剩的羊杂碎过活。一天，她在一个商场的柜台内看到了一只带红色塑料花的小发卡，便发疯般地迷上了它。安妮赶紧跑回家去央求妈妈给一元钱，母亲叹了口气，说："一元钱能买半斤羊杂碎呢。"但父亲说："给她钱吧，要知道这么便宜的价格就能为孩子买到快乐，今后是不会再碰上的。"那时，安妮才明白，这一元钱所能买到的是比金子还贵重的快乐。

钱在生活中并不是决定一切的。只要有眼光，看准了那些能使你幸福的东西，就应不惜金钱去得到它。

"股神"沃伦·巴菲特2006年6月26日在纽约的公共图书馆举行会议，邀请包括比尔·盖茨夫妇在内的各方人士见证他签署捐赠文件，将其大部分财产捐赠给慈善机构。他将从2006年7月起，逐步将其掌握的伯克希尔·哈撒韦公司的股票的大部分，捐赠给比尔·盖茨基金会，以及另外4个由巴菲特的子女及亲属管理的慈善机构。这笔捐赠据估计高达370亿美元，占巴菲特全部资产的85%。

沃伦·巴菲特有一颗清醒的头脑，他知道金钱可以用来做什么，也知道金钱在自己生命中的地位，所以他将这些钱捐赠了出来，他的生命价值不但不会在公众的心目中有所下降，反而更加受人尊重了。金钱并非最重要的，你一定要清楚地认识它。

第二节　苦难是一道美丽的人生风景

苦难是把双刃剑

苦难可以激发生机，也可以扼杀生机；可以磨炼意志，也可以摧垮意志；可以启迪智慧，也可以蒙蔽智慧；可以高扬人格，也可以贬低人格。这完全取决于每个人本身。

苦难是一柄双刃剑，它能让强者更强，练就出色而几近完美的人格，但是同时它也能够将弱者一剑削平，从此倒下。

曾有这样一个“倒霉蛋”，他是个农民，做过木匠，干过泥瓦工，收过破烂，卖过煤球，在感情上受到过欺骗，还打过一场3年之久的官司。他曾经独自闯荡在一个又一个城市里，做着各种各样的活计，居无定所，四处漂泊，生活上也没有任何保障。看起来仍然像一个农民，但是他与乡里的农民有些不同，他虽然也日出而作，但是不日落而息——他热爱文学，写下了许多清澈纯净的诗歌，每每读到他的诗歌，都让人们为之感动，同时为之惊叹。

“你这么复杂的经历怎么会写出这么纯净的作品呢？”他的一个朋友这么问他，“有时候我读你的作品总有一种感觉，觉得只有初恋的人才能写得出。”

“那你认为我该写出什么样的作品呢？《罪与罚》吗？”他笑道。

“起码应当比这些作品更沉重和黯淡些。”

他笑了，说：“我是在农村长大的，农村家家都储粪种庄稼。小时候，每当碰到别人往地里送粪时，我都会掩鼻而过。那时我觉得很奇怪，这么臭、这么脏的东西，怎么就能使庄稼长得更壮实呢？后来，经历了这么多事，我却发现自己并没有学坏，也没有堕落，甚至连麻木也没有，就完全明白了粪便和庄稼的关系。”

“粪便是脏臭的，如果你把它一直储在粪池里，它就会一直这么脏臭下去。但是一旦它遇到土地，它就和深厚的土地结合，就成了一种有益的肥料。对于一个人，苦难也是这样。如果把苦难只视为苦难，那它真的就只是苦难。但是如果你让它与你精神世界里最广阔的那片土地去结合，它就会成为一种宝贵的营养，让你在苦难中如凤凰涅槃，体会到特别的甘甜和美好。”

土地转化了粪便的性质，人的心灵则可以转化苦难的性质。在这转化中，每一场沧桑都成了他唇间的美酒，每一道沟坎都成了他诗句的源泉。他文字里那些明亮的妩媚原来是那么深情、隽永，因为其间的一笔一画都是他踏破苦难的履痕。

苦难是把双刃剑，它会割伤你，但也会帮助你。

帕格尼尼，世界超级小提琴家。他是一位在苦难的琴弦下把生命之歌演奏到极致的人。

4 岁时一场麻疹和强直性昏厥症让他险些就此躺进棺材。7 岁患上严重肺炎，只得大量放血治疗。46 岁因牙床长满脓疮，拔掉了大部分牙齿。其后又染上了可怕的眼疾。50 岁后，关节炎、喉结核、肠道炎等疾病折磨着他的身体与心灵。后来声带也坏了。他仅活到 57 岁，就口吐鲜血而亡。

身体的创伤不仅仅是他苦难的全部。他从 13 岁起，就在世界各地过着流浪的生活。他曾一度将自己禁闭，每天疯狂地练琴，几乎忘记了饥饿和死亡。

像这样的一个人，这样一个悲惨的生命，却在琴弦上奏出了最美妙的音符。3 岁学琴，12 岁开了首场个人音乐会。他令无数人陶醉，令无数人疯狂！

乐评家称他是“操琴弓的魔术师”。歌德评价他：“在琴弦上展现了火一样的灵魂。”李斯特大喊：“天哪，在这四根琴弦中包含着多少苦难、痛苦与受到残害的生灵啊！”苦难净化心灵，悲剧使人崇高。也许上帝成就天才的方式，就是让他在苦难这所大学中进修。

弥尔顿、贝多芬、帕格尼尼——世界文艺史上的三大怪杰，一个成了盲人，一个成了聋人，一个成了哑人！这就是最好的例证。

苦难，在这些不屈的人面前，会化为一种礼物，一种人格上的成熟与伟岸，一种意志上的顽强和坚韧，一种对人生和生活的深刻认识。然而，对更多人来说，苦难是噩梦，是灾难，甚至是毁灭性的打击。

其实对于每一个人，苦难都可以成为礼物或是灾难。你无须祈求上帝保佑，菩萨显灵。选择权就在你自己手里。一个人的尊严之处，就是不轻易被苦难压倒，不轻易因苦难放弃希望，不轻易让苦难占据自己蓬勃向上的心灵。

用你的坚韧和不屈，你真的可以自由选择经历哪一种苦难。

重要的是你如何看

重要的是你如何看待发生在你身上的事，而不是到底发生了什么。

如果一个人在 46 岁的时候，因意外事故被烧得不成人形，4 年后又在一次坠机事故后腰部以下全部瘫痪，他会怎么办？再后来，你能想象他变成百万富翁、受人爱戴的公共演说家、扬扬得意的新郎及成功的企业家吗？你能想象他去泛舟、玩跳伞、在政坛角逐一席之地吗？

米契尔全做到了，甚至有过之而无不及。在经历了两次可怕的意外事故后，他的脸因植皮而变成一块“彩色板”，手指没有了，双腿如此细小，无法行动，只能瘫痪在轮椅上。

意外事故把他身上 65% 以上的皮肤都烧坏了，为此他动了 16 次手术。手术后，他无法拿起叉子，无法拨电话，也无法一个人上厕所。但以前曾是海军陆战队员的米契尔从不认为他被打败了，他说：“我完全可以掌握我自己的人生之船，我可以选择把目前的状况看成倒退或是一个起点。” 6 个月之后，他又能开飞机了。

米契尔为自己在科罗拉多州买了一幢维多利亚式的房子，还买了一架飞机及一家酒吧。后来他和两个朋友合资开了一家公司，专门生产以木材为燃料的炉子，这家公司后来变成佛蒙特州第二大私人公司。坠机意外发生后 4 年，米契尔所开的飞机在起飞时又摔回跑道，把他背部的 12 块脊椎骨全压得粉碎，腰部以下永远瘫痪。“我不解的是为何这些事老是发生在我身上，我到底是造了什么孽？要遭到这样的报应？”米契尔说。

米契尔仍不屈不挠，日夜努力使自己能达到最高限度的独立自主，他被选为科罗拉多州孤峰顶镇的镇长，以保护小镇的美景及环境，使之不因矿产的开采而遭受破坏。米契尔后来也竞选国会议员，他用一句“不只是另一张小白脸”的口号，将自己难看的脸转化成一笔有利的资产。

尽管面貌骇人、行动不便，米契尔却坠入爱河，并且完成了终身大事，也拿到了公共行政硕士学位，并继续着他的飞行活动、环保运动及公共演说。

米契尔说：“我瘫痪之前可以做 1 万件事，现在我只能做 9000 件事，我可以把注意力放在我无法再做好的 1000 件事上，或是把目光放在我还能做的 9000 件事上。告诉大家，我的人生曾遭受过两次重大的挫折，如果我能选择不把挫折拿来当成放弃努力的借口，那么，或许你们可以用一个新的角度来看待一些一直让你们裹足不前的经历。你可以退一步，想开一点，然后你就有机会说：‘或许那也没什么大不了的。’”

记住：“重要的是你如何看待发生在你身上的事，而不是到底发生了什么。”

人生之路，不如意事常八九，一帆风顺者少，曲折坎坷者多，成功是由无数次失败构成的。在追求成功的过程中，还需正确面对失败。乐观和自我超越就是能否战胜自卑、走向自信的关键。正如美国通用电气公司创始人沃特所说："通向成功的路，即把你失败的次数增加一倍。"但失败对人毕竟是一种"负性刺激"，会使人产生不愉快、沮丧、自卑。

面对挫折和失败，唯有乐观积极的持久心，才是正确的选择。其一，采用自我心理调适法，提高心理承受能力;其二，注意审视、完善策略;其三,用"局部成功"来激励自己;其四,做到坚韧不拔，不因挫折而放弃追求。

要战胜失败所带来的挫折感，就要善于挖掘、利用自身的"资源"。应该说当今社会已大大增加了这方面的发展机遇，只要敢于尝试，勇于拼搏，就一定会有所作为。虽然有时个体不能改变"环境"的"安排"，但谁也无法剥夺其作为"自我主人"的权利。屈原遭放逐乃作《离骚》，司马迁受宫刑乃成《史记》——就是因为他们无论什么时候都不气馁、不自卑，都有坚韧不拔的意志。有了这一点，就会挣脱困境的束缚，迎来光明的前景。

若每次失败之后都能有所"领悟"，把每一次失败都当作成功的前奏,那么就能化消极为积极,变自卑为自信。作为一个现代人，应具有迎接失败的心理准备。世界充满了成功的机遇，也充满了失败的风险，所以要树立持久心，以不断提高应付挫折与干扰的能力，调整自己，增强社会适应力，坚信失败乃成功之母。

成功之路难免坎坷和曲折，有些人把痛苦和不幸作为退却的借口，也有人在痛苦和不幸面前寻得复活和再生。只有勇敢地面对不幸，勇敢地超越痛苦，永葆青春的朝气和活力，用理智去战胜不幸，用坚持去战胜失败，我们才能真正成为自己命运的主宰，成为掌握自身命运的强者。

其实失败就是强者和弱者的一块试金石，强者可以愈挫愈奋，弱者则是一蹶不振。想成功，就必须面对失败，必须在千万次失败面前站起来。

超越人生的苦难

苦难对于弱者是一个深渊，而对于天才来说则是一块垫脚石。

美国前总统克林顿并不算是天才人物，但他能登上美国总统的宝座，与他个人的勤奋和磨炼不无关系。

克林顿的童年很不幸。他出生前4个月，父亲就死于一次车祸。他母亲因无力养家，只好把出生不久的他托付给自己的父母抚养。童年的克林顿受到外公和舅舅的深刻影响。他自己说，他从外公那里学会了忍耐和平等待人，从舅舅那里学到了说到做到的男子汉气概。他7岁随母亲和继父迁往温泉城，不幸的是，双亲之间常因意见不合而发生激烈冲突，继父嗜酒成性，酒后经常虐待克林顿的母亲，小克林顿也经常遭其斥骂。这给从小就寄养在亲戚家的小克林顿的心灵蒙上了一层阴影。

坎坷的童年生活，使克林顿形成了尽力表现自己、争取别人喜欢的性格。他在中学时代非常活跃，一直积极参与班级和学生会活动，并且有较强的组织和社会活动能力。他是学校合唱队的主要成员，而且被乐队指挥定为首席吹奏手。

1963年夏，他在“中学模拟政府”的竞选中被选为参议员，应邀参观了首都华盛顿，这使他有机会看到了“真正的政治”。参观白宫时，他受到了肯尼迪总统的接见，不但同总统握了手，而且还和总统合影留念。

此次华盛顿之行是克林顿人生的转折点，使他的理想由当牧师、音乐家、记者或教师转向了从政，梦想成为“肯尼迪第二”。

有了坚定目标和坚强的意志，克林顿此后30年的全部努力都紧紧围绕这个目标。上大学时，他先读外交，后读法律——这些都是政治家必须具备的知识修养。离开学校后，他一步一个脚印，律师、议员、州长，最后达到了政治家的巅峰——总统。

人生来都希望在一个平和顺利的环境中成长，但上天并不喜爱安逸的人们，它要挑选出最杰出的人物，于是它让这些人历经磨难，千锤百炼终于成金。

一个人若想有所成就，那么苦难就成为一道你必须超越的关卡。就像神话中所说的那样，那条鲤鱼必须跳过龙门，才能超越自我、化身为龙，人生又何尝不是如此！

抓住机会，用苦难磨炼自己

对于一个人来说，苦难确实是残酷的，但如果你能充分利用苦难这个机会来磨炼自己，苦难会馈赠给你很多。

生命不会是一帆风顺的，任何人都会遇到逆境。从某种意义上说，经历苦难是人生的不幸，但同时，如果你能够正视现实，从苦难中发现积极的意义，充分利用机会磨炼自己，你的人生将会得到不同寻常的升华。

我们可以看看下面这则故事：

由于经济破产和从小落下的残疾，人生对格尔来说已索然无味了。

在一个晴朗日子，格尔找到了牧师。牧师现在已疾病缠身，脑溢血彻底摧残了他的健康，并遗留下右侧偏瘫和失语症，医生们断言他再也不能恢复说话能力了。然而仅在病后几周，他就努力学会了重新讲话和行走。

牧师耐心听完了格尔的倾诉。“是的，不幸的经历使你心灵充满创伤，你现在生活的主要内容就是叹息，并想从叹息中寻找安慰。”他闪烁的目光始终燃烧着格尔，“有些人不善于抛开痛苦，他们让痛苦缠绕一生直至幻灭。但有些人能利用悲哀的情感获得生命悲壮的感受，并从而对生活恢复信心。”

“让我给你看样东西。”他向窗外指去。那边矗立着一排高大的枫树，在枫树间悬吊着一些陈旧的粗绳索。他说：“60 年前，这儿的庄园主种下这些树护卫牧场，他在树间牵拉了许多粗绳索。对于幼树嫩弱的生命，这太残酷了，这种创伤无疑是终身的。有些树面对残酷的现实，能与命运抗争；而另有一些树消极地诅咒命运，结果就完全不同了。”

他指着一棵被绳索损伤并已枯萎的老树：“为什么有些树毁掉了，而这一棵树已成为绳索的主宰而不是其牺牲品呢？”

眼前这棵粗壮的枫树看不出有什么疤痕，格尔所看到的是绳索穿过树干——几乎像钻了一个洞似的，真是一个奇迹。

“关于这些树，我想过许多。”牧师说，“只有体内强大的生命力才可能战胜像绳索带来的那样终身的创伤，而不是自己毁掉这宝贵的生命。”沉思了一会儿后，牧师说：“对于人，有很多解忧的方法。在痛苦的时候，找个朋友倾诉，找些活干；对待不幸，要有一个清醒而客观的全面认识，尽量抛掉那些怨恨的情感负担。有一点也许是最重要的，也是最困难的——你应尽一切努力愉悦自己，真正地爱自己，并抓住机会磨炼自己。”

在遇到挫折困苦时，我们不妨聪明一些，找方法让精神伤痛远离自己的心灵，利用苦难来磨炼自己的意志。尽一切努力愉悦自己，真正地爱自己。我们的生命就会更丰盈，精神会更饱满，我们就可能会拥有一个辉煌壮美的人生。

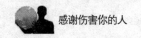

打开苦难的另一道门

拿破仑说："我只有一个忠告——做你自己的主人。"

习惯抱怨生活太苦的人，是不是也能说一句这样的豪言壮语："我已经经历了那么多的磨难，眼下的这一点痛又算得了什么？！"

我们在埋怨自己生活多磨难的同时，不妨想想下面这位老人的人生经历，或许还有更多多灾多难的人们，与他们相比我们的困难和挫折算什么呢？自强起来，生命就会站立不倒。

德国有一位名叫班纳德的人，在风风雨雨的50年间，他遭受了200多次磨难的洗礼，从而成为世界上最倒霉的人，但这些也使他成为世界上最坚强的人。

他出生后14个月，摔伤了后背；之后又从楼梯上掉下来摔残了一只脚；再后来爬树时又摔伤了四肢；一次骑车时，忽然一阵不知从何处而来的大风，把他吹了个人仰车翻，膝盖又受了重伤；13岁时掉进了下水道，差点儿窒息；一次，一辆汽车失控，把他的头撞了一个大洞，血如泉涌；又有一辆垃圾车，倒垃圾时将他埋在了下面；还有一次他在理发屋中坐着，突然一辆飞驰的汽车撞了进来……

他一生倒霉无数，在最为晦气的一年中，竟遇到了17次意外。

但更令人惊奇的是，老人至今仍旧健康地活着，心中充满着自信，因为他经历了200多次磨难的洗礼，他还怕什么呢？

"自古雄才多磨难，从来纨绔少伟男"，人们最出色的工作往往是在挫折逆境中做出的。我们要有一个辩证的挫折观，经常保持自信和乐观的态度。挫折和教训使我们变得聪明和成熟，正是失败本身才最终造就了成功。我们要悦纳自己和他人他事，要能容忍挫折，学会自我宽慰，心怀坦荡、情绪乐观、满怀信心地去争取成功。

如果能在挫折中坚持下去，挫折实在是人生不可多得的一笔财富。有人说，不要做在树林中安睡的鸟儿，而要做在雷鸣般的瀑布边也能安睡的鸟儿，就是这个道理。逆境并不可怕，只要我们学会去适应，那么挫折带来的逆境，反而会给我们以进取的精神和百折不挠的毅力。

挫折让我们更能体会到成功的喜悦，没有挫折我们不懂得珍惜，没有挫折的人生是不完美的。

世事常变化，人生多艰辛。在漫长的人生之旅中，尽管人们期盼能一帆风顺，但在现实生活中，却往往令人不期然地遭遇逆境。

逆境是理想的幻灭、事业的挫败；是人生的暗夜、征程的低谷。就像寒潮往往伴随着大风一样，逆境往往是通过名誉与地位的下降、金钱与物资的损失、身体与家庭的变故而表现出来的。逆境是人们的理想与现实的严重背离，是人们的过去与现在的巨大反差。

每个人都会遇到逆境，以为逆境是人生不可承受的打击的人，必不能挺过这一关，可能会因此而颓废下去；而以为逆境只不过是人生的一个小坎儿的人，就会想尽一切办法去找到一条可迈过去的路。这种人，多迈过几个小坎儿的，就会不怕大坎儿，就能成大事。

传说上帝造物之初，本打算让猫与老虎两师徒一道做百兽之王。上帝为考察它们的才能，放出了几只老鼠，老虎全力以赴，很干脆地就将老鼠捉住吃掉了。猫却认为这是大材小用，上帝小看了自己，心中不平，于是很不用心，捉住了老鼠再放开，玩弄了半天才把老鼠杀死。

考察的结果是：上帝认为猫太无能，不可做兽王，就让它身躯变小，专捉老鼠；而虎能全力以赴，做事认真，因此可以去统治山林，做百兽之王。

这则寓言告诉我们：世事艰辛，不如意者十有八九，不必因不平而泄气，也不必因逆境而烦恼，只要自己努力，机会总会有的。

面对逆境，不同的人有着不同的观点和态度。就悲观者而言，逆境是生存的炼狱，是前途的深渊；就乐观的人而言，逆境是人生的良师，是前进的阶梯。逆境如霜雪，它既可以凋叶摧草，也可使菊香梅艳；逆境似激流，它既可以溺人殒命，也能够济舟远航。逆境具有双重性，就看人怎样正确地去认识和把握。

古往今来，凡立大志、成大功者，往往都饱经磨难，备尝艰辛。逆境成就了“天将降大任”者。如果我们不想在逆境中沉沦，那么我们便应直面逆境，奋起抗争，只要我们能以坚韧不拔的意志奋力拼搏，就一定能冲出逆境。

坦然面对生活的不幸

快乐和不幸都是生活的一部分。在人生道路上，你要学会坦然面对一切，无论是快乐还是不幸。

在人生路途上，谁不会遇到不顺心的事呢？生活不顺心，可能使你心情烦躁，情绪低落。细细想一想，你把自己的心情搞得很糟，对事情的处理又能起到什么作用吗？与其这样，还不如心怀坦然，然后再想办法解决问题，走出不顺。

张伟被董事长任命为销售经理，这个消息大出同事们的意料。谁都知道，公司目前的境况不佳，这个销售经理的职务更显得重要了。公司迫切需要拓展业务以求生存，也正因为这个原因，这个位置一直没有找到合适的人选。与其他几个较有资历的同事相比，言不出众、貌不惊人的张伟并无多少优势可言。

很快有好事者传说，张伟的提升，得益于前些日大厦电梯的突然停电。那天晚上公司里加班，近 9 点时总算结束了，张伟走得最迟，在电梯口遇到了董事长等人，当电梯运行时因停电卡住了，一片漆黑在寒夜里更显得凄冷，时间一分钟一分钟过去，大家开始抱怨，两个不知名的小女生更显得不安起来。这时闪出了一小串火苗，是从打火机发出的，人们立刻安静下来。在近一个多钟头的时间里，只有张伟的打火机忽亮忽灭，而他什么也没说。

对张伟的提升有些人不服。不久后，董事长在公司员工的一次会议上对此解释道：“因为点燃手中仅有的火种，而不像有些人那样在抱怨诅咒这不愉快的事件和黑暗，我们公司要走出低谷，而不被一时的困境压倒，需要张伟这样的人。”

故事中的董事长很有知人之明。

在我们陷入困境时，一味地埋怨和诅咒是无济于事的，那只会让我们变得更加沮丧而觉得无望。与其苦苦等待，不如点燃自己手中仅有的“火种”和希望，去战胜黑暗，摆脱困境，为自己创造一个光明的前程。

坦然面对生活的不幸，当你面对困境时，这是你首先要做的事。

第三节 人生没有真正的难题

日子难过，更要认真地过

当你埋怨被苦日子折磨时，你是否想过，其实这境遇只是由于你不认真对待生活造成的呢？日子难过，更要认真地过。

有个学者说过："人生的棋局，只有到了死亡才会结束，只要生命还存在，就有挽回棋局的可能。"

生活拮据，日子难过，大部分人的生活都过得很辛苦。但是，在你埋怨苦日子折磨人的时候，不妨仔细想想，在这些难过的日子当中，你认真生活了几天？

地铁上，两个年纪40岁左右的女人在说话，一个说："这日子真的是没法过下去了，我真是再也受不了了。他居然跟我说要把房子卖了，你想想，把房子卖了我们住到哪里去啊？没想到跟了他这么多年，现在居然落到这样的田地。"

另一个说："那不行啊，就算是把房子卖了，这样下去也是坐吃山空，还是要想办法让他出去工作才行。"

"谁说不是呢！可是他要是肯听我的就好了。现在他什么朋友都没有，什么人也不愿意见，整天待在家里，孩子也怕他，他随时都会发火，我都烦死了。这样的日子难过死了，死了倒还痛快了。"

"唉……"

原来这个家里的男主人，下岗了之后也找过几个工作，但做了一段时间都不成功，意志愈加消沉。于是女主人对他越来越不满意，软的硬的都没什么用，于是家里开始硝烟弥漫，大吵小吵没有断过。

眼看着家里就女主人一个人上班以维持家用，她心里也着急，可是又不知道用什么方法来让老公重整旗鼓。男主人于是提出把房子卖了租房子住，于是又展开了新一轮的战争。

女人开始感叹，当初怎么嫁了这样的男人，还不如嫁给×××。"我有时真的想和他离了！"她说，"这日子过不下去了！"

人生就是这样：苦多于乐！

美国教育学家乔治·桑塔亚纳说："人生既不是一幅美景，也不是一席盛宴，而是一场苦难。”不幸的是，当你来到这世界那一天，没有人会送你一本生活指南，教你如何应付命运多舛的人生。也许青春时期的你曾经期待长大成人以后，人生会像一场热闹的派对，但在现实世界经历了几年风雨后，你会翻然醒悟，人生的道路原来布满荆棘。

无论你是老是少，都请不要奢望生活越过越顺遂，因为你会发现大家的日子都很难熬。再怎么才华横溢、家财万贯，照样逃离不了挫折、困顿。人人都要经历某种程度的压力和痛苦，而且难保不会遇上疾病、天灾、意外、死亡及其他不幸，谁都无法做到完全免疫，就算成功人士也会承认这是个需要辛苦打拼的世界。精神分析学家荣格主张：人类需要逆境，逆境是迈向身心健康的必要条件。他认为遭遇困境能帮助我们获得完整的人格与健全的心灵。

人的一生总有许多波折，要是你觉得事事如意，大概是误闯了某条单行道。也许你曾拥有一段诸事顺利的日子，于是志得意满的你开始以为你已看穿人生是怎么回事，一切如鱼得水，悠游自在。可惜就在你相信自己蒙天赐之福时，却发生了好运化为乌有的意外。

美国作家诺瑞丝拥有一套轻松面对生活的法则：人生比你想象的要好过，只要接受困难、量力而为、咬紧牙关就过去了。你跨出的每一步，都能助你完成学习之旅。面临生活考验时，耐力越高，通过的考验也越多。所以要放松心情，靠意志力和自信心冲破难关。

保持积极的人生观，可以帮助你了解逆境其实很少危害生命，只会引起不同程度的愤慨，何况一定的压力也有好处。舒适安逸的生活无法带给人快乐与满足，人生若是少了有待克服的障碍、有待解决的问题、有待追求的目标、有待完成的使命，便毫无成就感可言了。

人生是一场学习的过程，接二连三的打击则是最好的生活导师。享乐与顺境无法锻炼人格，逆境却可以。一旦征服了难关，遇到再糟的情况也不会惊慌。人生有甘也有苦，物质环境的优劣与生活困厄的程度毫无瓜葛，重要的是我们对环境采取何种反应。接受好花不常开的事实，日子会优哉许多。记住这句话：人生苦多于乐，不必太在乎。

铸就坚韧的品格

世界上最强大、最有可能取得成功的人，就是坚韧不拔的人。

生活陷入困顿，人生陷入低谷，这个时候你在想些什么？就打算这样过一辈子吗？

世界上最强大、最有可能取得成功的人，就是那些坚韧不拔的人。无论你现在的境况如何，都要保持坚韧不拔、百折不挠的精神。

莎莉·拉斐尔是美国著名的电视节目主持人，曾经两度获奖，在美国、加拿大和英国每天有800万观众收看她的节目。可是她在30年的职业生涯中，却曾被辞退18次。

刚开始，美国的无线电台都认定女性主持不能吸引观众，因此没有一家愿意雇佣她。她便迁到波多黎各，苦练西班牙语。有一次，多米尼加共和国发生暴乱事件，她想去采访，可通讯社拒绝她的申请，于是她自己凑足旅费飞到那里，采访后将报道卖给电台。

1981年她被一家纽约电台辞退，无事可做的时候，她有了一个节目构想。虽然很多国家广播公司觉得她的构想不错，但碍于她是女性，所以最终还是放弃了她的构想，最后她终于说服了一家公司，受到了雇佣，但她只能在政治台主持节目。尽管她对政治不熟，但还是勇敢尝试。1982 年夏，她的节目终于开播。她充分发挥自己的长处，畅谈 7 月 4 日美国国庆对自己的意义，还请观众打来电话互动交流。令人意想不到的是，节目很成功，观众非常喜欢她的主持方式，所以她很快成名了。

当别人问她成功的经验时，她发自内心地说："我被人辞退了 18 次，本来大有可能被这些遭遇所吓退，做不成我想做的事情。结果相反，我让它们鞭策我前进。"

正是这种不屈不挠的性格使莎莉在逆境中避免了一蹶不振、默默无闻的一生，走向了成功。

任何成功的人在达到成功之前，没有不遭遇失败的。爱迪生在经历了一万多次失败后才发明了灯泡；而乔纳斯·沙克也是在试用了无数介质之后，才培养出小儿麻痹疫苗。

"你应把挫折当作是使你发现你思想的特质，以及你的思想和你明确目标之间关系的测试机会。"如果你真能理解这句话，它就能调整你对逆境的反应，并且能使你继续为目标努力，挫折绝对不等于失败，除非你自己这么认为。

爱默生说过："我们的力量来自我们的软弱，直到我们被戳、被刺，甚至被伤害到疼痛的程度时，才会唤醒包藏着神秘力量的愤怒。伟大的人物总是愿意被当成小人物看待，当他坐在占有优势的椅子中时会昏昏睡去，当他被摇醒、被折磨、被击败时，便有机会可以学习一些东西了；此时他必须运用自己的智慧，发挥他的刚毅精神，他会了解事实真相，从他的无知中学习经验，治疗好他的自负精神病。最后，他会调整自己并且学到真正的技巧。"

因此，无论经历怎样的失败和挫折，你都要从精神上去战胜它，别把它当一回事，甩甩手从头再来，成功终究会来临。

改变你生命的视角

一个人要想改变自己的命运，必须首先改变自己的视角。生活中的难题也许在你改变了视角之后，就不难了。

1941年，美国洛杉矶。

深夜，在一间宽敞的摄影棚内，一群人正在忙着拍摄一部电影。

“停！”刚开拍几分钟，年轻的导演就大喊起来，一边做动作一边对着摄影师大声说：“我要的是一个大仰角，大仰角，明白吗？”

又是大仰角！这个镜头已经反复拍摄了十几次，演员、录音师……所有的工作人员都已累得筋疲力尽。可是这位年轻的导演总是不满意，一次次地大声喊“停”，一遍遍地向着摄影师大叫“大仰角”！

此时，扛着摄影机趴在地板上的摄影师再也无法忍受这个初出茅庐的小伙子，站起来大声吼道：“我趴得已经够低了，你难道不明白吗？”

周围的工作人员都停下了手中的工作，有些幸灾乐祸地看着他们。年轻的导演镇定地盯着摄影师，一句话也没有说，突然，他转身走到道具旁，捡起一把斧子，向着摄影师快步走了过去。

人们不知道这位年轻的导演会做怎样的蠢事。就在人们目瞪口呆的注视下，在周围人的惊呼声中，只见年轻的导演抡起斧子，向着摄影师刚才趴过的木制地板猛烈地砍去，一下、两下、三下……把地板砸出一个窟窿。

导演让摄影师站到洞中，平静地对他说：“这就是我要的角度。”就这样，摄影师蹲在地板洞中，拍出了一个前所未有的大仰角，一个从未有人拍出的镜头。

这位年轻的导演名叫奥逊·威尔斯，这部电影是《公民凯恩》。电影因大仰拍、大景深、阴影逆光等摄影创新技术及新颖的叙事方式，被誉为美国有史以来最伟大的电影之一，至今仍是美国电影学院必备的教学影片。

拍电影是这样，对待人生更是如此，如果你的视角很低、很小，你怎么能看到难过的日子后面的希望和快乐呢？

改变你的视角，你就能看见一个不一样的人生，拥有一个不一样的人生！

人生没有真正的难题

是问题就一定有答案，你必须努力寻找，并把这个信念永存心底。

生活中，我们每时每刻都会遇到各种各样的问题，这些问题时刻折磨着我们的神经，使我们疲于应付，甚至在遇到很大的困难时，我们往往认为自己再也支撑不下去了。这时候，一定要坚信，人生没有解决不了的问题。

某大学的数学教师每天给他的一个学生出 3 道数学题，作为课外作业给他回家后去做，第二天早晨再交上来。

有一天，这个学生回家后，才发现教师今天给了他 4 道题，而且最后一道似乎颇有些难度。他想：从前每天的 3 道题，他都很顺利地完成了，从未出现过任何差错，早该增加点儿分量了。

于是，他志在必得，满怀信心地投入到解题的思路中……天亮时分，他终于把这道题给解决了。但他还是感到一些内疚和自责，认为辜负了老师多日的栽培——一道题竟然做了几个小时。

谁知，当他把这4道已解的题一并交给老师时，老师惊呆了——原来，最后那道题竟是一道在数学界流传百年而无人能解的难题，老师把它抄在纸上，也只是出于好奇心。结果，不经意竟把它与另外3道普通题混在一起，交给了这个学生。这个学生却在不明实情的前提下，意外地把它给攻克了。

假如这个学生知道这道题的来历，他还会在一夜之间将它攻克吗？

世上没有“不可能”

如果你总是认为某件事是“不可能”的，那说明你一定没有去努力争取，因为这世上本来就没有“不可能”。

螃蟹可以吃吗？不可能。那你就错了，很快就出现了第一个吃螃蟹的人。

拿破仑·希尔年轻时买下一本字典，然后剪掉了“不可能”这个词，从此他有了一本没有“不可能”的字典，而他也就成了成功学大师。其实，把“不可能”从字典里剪掉，只是一个形象的比喻，关键是要从你的心中把这个观念铲除掉。并且，在我们的观念中排除它，想法中排除它，态度中去掉它、抛弃它，不再为它提供理由，不再为它寻找借口，把这个字和这个观念永远地抛弃，而用光辉灿烂的“可能”来替代它。

比如汤姆·邓普西，他就是将“不可能”变为“可能”的典型。

汤姆·邓普西生下来的时候，只有半只左脚和一只畸形的右手。父母从来不让他因为自己的残疾而感到不安。结果是任何男孩能做的事他也能做，如果童子军团行军5千米，汤姆也同样能走完5千米。

后来他想玩橄榄球，他发现，他能把球踢得比任何在一起玩的男孩子更远。他要人为他专门设计一只鞋子，参加了踢球测验，并且得到了冲锋队的一份合约。但是教练却尽量婉转地告诉他，说他“不具有做职业橄榄球员的条件”，促请他去试试其他的事业。最后他申请加入新奥尔良圣徒队，并且请求给他一次机会。教练虽然心存怀疑，但是看到这个男孩这么自信，对他有了好感，因此就收了他。两个星期之后，教练对他的好感更深，因为他在一次友谊赛中将球踢出 55 码远得分。这种情形使他获得了专为圣徒队踢球的工作，而且在那一赛季中为他所在的队踢得了 99 分。

然后到了最伟大的时刻，球场上坐满了 6.6 万名球迷。圣徒队比分落后，球是在 28 码线上，比赛只剩下了几秒钟，球队把球推进到 45 码线上，但是完全可以说没有时间了。“汤姆，进场踢球！”教练大声说。当汤姆进场的时候，他知道他的队距离得分线有 63 码远，也就是说他要踢出 63 码远，在正式比赛中踢得最远的记录是 55 码，是由巴尔第摩雄马队毕特·瑞奇踢出来的。但是，邓普西心里认为他能踢出那么远，而且是完全有可能的，他这么想着，加上教练又在场外为他加油，他充满了信心。

正好，球传接得很好，邓普西一脚全力踢在球身上，球笔直地前进。6.6 万名球迷屏住气观看，接着终端得分线上的裁判举起了双手，表示得了 3 分，球在球门横杆之上几厘米的地方越过，圣徒队以 19：17 获胜。球迷狂呼乱叫——为踢得最远的一球而兴奋，这是只有半只脚和一只畸形的手的球员踢出来的！

“真是难以相信！”有人大声叫，但是邓普西只是微笑。他想起他的父母，他们一直告诉他的是他能做什么，而不是他不能做什么。他之所以创造出这么了不起的记录，正如他自己说的：“他们从来没有告诉我，我有什么不能做的。”

再强调一遍，永远也不要消极地认定什么事情是不可能的，首先你要认为你能，再去尝试、再尝试，要知道，世上没有什么是不可能的。

把不幸当作机遇

遇到不幸时，不要总是习惯于把自己放在一个弱者的地位上，等待着别人的同情，然后等着别人来拯救你，这样的话，只会让你一直处于遭人唾弃、鄙视的地位不能翻身。只有自强自立，把不幸当作一次机遇，你才能走出不幸的泥潭。

别林斯基说："不幸是一所最好的大学。"自知者明，自强者胜。自强者可以征服山，就是跋山涉水也在所不惜；弱者就是面对一张薄纸，也不愿伸手戳破，去达到自己的目的。谁的一生都有挫折，自强者自然把挫折当玩具，戏之笑之，淡然视之，强者自强；而弱者把挫折当大山，多是惧之怕之，闭目待之，终是弱者更弱。调整你的心态，把不幸当作机遇，你就能战胜不幸，取得成功。

加拿大第一位连任两届总理的让·克雷蒂安小的时候，说话口吃，曾因疾病导致左脸局部麻痹，嘴角畸形，讲话时嘴巴总是向一边歪，而且还有一只耳朵失聪。

听一位有名的医学专家说，嘴里含着小石子讲话可以矫正口吃，克雷蒂安就整日在嘴里含着一块小石子练习讲话，以致嘴巴和舌头都被石子磨烂了。母亲看后心疼得直流眼泪，她抱着儿子说："克雷蒂安，不要练了，妈妈会一辈子陪着你。"克雷蒂安一边替妈妈擦着眼泪，一边坚强地说："妈妈，听说每一只漂亮的蝴蝶，都是自己冲破束缚它的茧之后才变成的。我一定要讲好话，做一只漂亮的蝴蝶。"

功夫不负有心人，经过长久的磨炼，克雷蒂安终于能够流利地讲话了。他勤奋、善良，中学毕业时，他不仅取得了优异的成绩，而且还获得了极好的人缘。

1993 年 10 月，克雷蒂安参加全国总理大选时，他的对手大力攻击、嘲笑他的脸部缺陷，对手曾极不道德、带有人格侮辱地说："你们要这样的人来当你们的总理吗？"然而，对手的这种恶意攻击招致大部分选民的愤怒和谴责。当人们知道克雷蒂安的成长经历后，都给予他极大的同情和尊敬。在竞争演说中，克雷蒂安诚恳地对选民说："我要带领国家和人民成为一只美丽的蝴蝶。"最后他以极高的票数当选为加拿大总理，并在 1997 年成功地获得连任，被加拿大人民亲切地称为"蝴蝶总理"。

人不能因为不幸的来临而畏缩不前，轻言放弃。而应该把它当作一次机遇，抓住它，发挥它的积极作用，你就可以获得不幸给予你的馈赠。

开启宝藏之门的钥匙就在自己的手中，轻言放弃，这些宝藏就永无见天之日。也许你现在并不如意，但永远不能放弃的是成功的决心和斗志，更为关键的是你能不能正确地意识到什么是自己最擅长的，尽管因为现实的某些原因处于困境之中，但总要设法找到自己的宝藏，并努力去开采它。

成功人士都是不惧怕困境的，他们总是把一次次不幸当作一次次机遇。面对长期的困境，他们或默默耕耘，或摇旗呐喊。他们凭着一副熬不垮的神经，一腔无所畏惧的勇气，振作精神，发奋苦干，以图早日突破困境的牢笼。目不能二视，耳不能二听，手不能二事。全神贯注于你所期望的目标，你就一定能够如愿以偿。如果你是个缺乏耐性、不能坚持，做什么事都半途而废，要别人替你收拾残局的人，你应当在行动之前细心思索，不可贸然开始工作，免得骑虎难下。“水滴石穿，绳锯木断”，水和石比，绳和木比，硬度显然相差太远，然而只要你不轻言放弃，把不幸当作机遇看待，全力做好一件事，天长日久，石头也会被水滴穿，木头也会被绳锯断。人做事也是这样，只要全神贯注地做一件事，就可以把事情做得比较完美，甚至做到完美无缺。

向折磨说一声“我能行”

挫折并不保证你会得到完全绽开的成功的花朵，它只提供成功的种子。饱受挫折折磨的人，必须自己努力去寻找这颗种子，并且以明确的目标给它养分并栽培它，否则它不可能开花、结果。

面对挫折，只有自强者才能战胜困难、超越自我。而如果一味地想着等待别人来帮忙，只能落得失败的下场。遭遇不顺利的事情时，坐等他人的帮助是一种极其愚蠢的做法，只有靠自己的努力才能解决问题，向折磨说一声“我能行”。记住：永远可以依赖的人只有自己！

一个农家少年只上了几年学，家里就没钱继续供他上学了。他辍学回家，帮父亲耕种二亩薄田。在他 18 岁时，父亲去世了，家庭的重担全部压在了他的肩上。他要照顾身体不佳的母亲，还有一位瘫痪在床的祖母。

改革开放后，农田承包到户。他把一块水洼挖成池塘，想养鱼。但村里的干部告诉他，水田不能养鱼，只能种庄稼，他只好又把水塘填平。这件事成了一个笑话，在别人看来，他是一个想发财但又非常愚蠢的人。

听说养鸡能赚钱，他向亲戚借了 300 元钱，养起了鸡。但是一场大雨后，鸡得了鸡瘟，几天内全部死光。300 元对别人来说可能不算什么，对一个只靠二亩薄田生活的家庭而言，可谓天文数字。他的母亲受不了这个刺激，忧劳成疾而死。

他后来酿过酒，捕过鱼，甚至还在石矿的悬崖上帮人打过炮眼……可都没有赚到钱。

36 岁的时候，他还没有娶到媳妇，即使是离异的有孩子的女人也看不上他，因为他只有一间土屋，房子随时有可能在一场大雨后倒塌。娶不上老婆的男人，在农村是没有人看得起的。

但他还是没有放弃，不久他就四处借钱买了一辆手扶拖拉机。不料，上路不到半个月，这辆拖拉机就载着他冲入一条河里。他断了一条腿，成了瘸子。而那拖拉机，被人捞起来，已经支离破碎，他只能拆开它，当作废铁卖。

几乎所有的人都说他这辈子完了。

但是多年后他成了一家公司的老总，手中有上亿元的资产。现在，许多人都知道他苦难的过去和富有传奇色彩的创业经历。许多媒体采访过他，许多报告文学描述过他。曾经有记者这样采访他：

记者问："在苦难的日子里，你凭借什么一次又一次毫不退缩？"

他坐在宽大豪华的老板台后面，喝完了手里的一杯水。然后，他把玻璃杯子握在手里，反问记者："如果我松手，这只杯子会怎样？"

记者说："摔在地上，碎了。"

"那我们试试看。"他说。

他手一松，杯子掉到地上发出清脆的声音，但并没有破碎，而是完好无损。他说："即使有 10 个人在场，10 个人都会认为这只杯子必碎无疑。但是，这只杯子不是普通的玻璃杯，而是用玻璃钢制作的。"

是啊！这样的人，即使只有一口气，他也会努力去拉住成功的手，除非上苍剥夺了他的生命……

我们在埋怨自己生活多磨难的同时，不妨想想这位故事主角的人生经历，或许还有更多多灾多难的人们，与他们相比，我们的困难和挫折算什么呢？向折磨说一声“我能行”，自强起来，生命就会屹立不倒！

第二章

感谢事业中折磨你的人

第一节　每个人都需要一个伟大的梦想

突破自我，就能突破人生的瓶颈

突破自我在某种意义上说就是一种精神的升华，只要你能突破自我，你就突破了人生的瓶颈，更上了一层楼。

很多人都喜欢看武侠小说，小说中经常会有一些练武的人在某一时刻终于打通了任督二脉，武学就上升到另一种境界。这是一种很好的象征，一个人只要突破自我，他的人生就能上升到另一种境界。

有一位年轻人去找心理学教授，他对大学毕业之后何去何从感到彷徨。他向教授倾诉诸多的烦恼：没有考上研究生，不知道自己未来的发展方向；女朋友将去一个人才云集的大公司，很可能会移情别恋……

教授让他把烦恼一个个写在纸上，判断其是否真实，一并将结果也记在旁边。

经过实际分析，年轻人发现其实自己真正的困扰很少，他看看自己那张困扰记录，不禁说："无病呻吟！"教授注视着这一切，微微对他点头。于是，教授说："你曾看到过章鱼吗？"年轻人茫然地点点头。

"有一只章鱼，在大海中本来可以自由自在地游动，寻找食物，欣赏海底世界的景致，享受生命的丰富情趣。但它却找了个珊瑚礁，然后动弹不得，呐喊着说自己陷入了绝境，你觉得如何？"

教授用故事的方式引导他思考。他沉默一下说：“您是说我像那只章鱼？”年轻人自己接着说：“真的很像。”

于是，教授提醒他：“当你陷入烦恼的习惯性反应时，记住你就好比那只章鱼，要松开你的八只手，让它们自由游动。系住章鱼的是自己的手臂，而不是珊瑚礁的枝丫。”

很多人都会像故事中的年轻人一样，无端地从内心生出诸多烦恼。其实，就像那位教授所说的那样，很多烦恼都是由章鱼自己的手所造成的，只要松开手，它就能在水底自由游动。

在生活中，做每一件事，都有两道墙会出现在前方：一道是外显的墙，那是关于整个外部大环境的围墙；另一道是内隐的墙，这是我们心中自我设限的围墙。而决胜的关键往往在于我们心中的那一道墙。

很多人花费许多力气去找寻无法成功的原因，其实自我设限就是主因，因此人们常说：“自己是自己最大的敌人。”想要步向成功，自己就必须往前跨出步伐，勇于突破并且超越现状。

突破自我围墙最重要的一点就是面对现实，确实地了解自我并认清环境，在自我与环境中摸索出突破的方向，这必须列为最优先的考虑方向。

同时，审视自我优势、加强自我优势，当优势获得高度发挥后，你就会愈做愈有信心，成就感随之而来，你会愈来愈喜欢，做事的活力源源不绝而出。如此，当你遇到困难，不但不退缩，反而更能激起热情，愿意努力突破。

人们常常会怀疑，那些功成名就者为什么能够做到那些？事实上，成功的背后必然有其一定的道理。有些人看起来反应慢、不聪明，但他们知道自己的优势在何处，能够远离那不属于自己的领域，坚守、专注于自己的优势项，所以他们最终能够成就事业，这并不是一件容易做到的事！

专注在自己认定有意义的事，透析自我与环境，加强自我优势，建立自信心，就能突破自我围墙，步向成功！

每个人都需要一个伟大的梦想

一个人要想获得成功，没有一个伟大的梦想是不行的。唯有伟大的梦想，才能激励你冲破艰险，排除万难，走向成功。

一位美国哲人曾这样说过："很难说世上有什么做不了的事，因为昨天的梦想，可以是今天的希望，并且还可以是明天的现实。"

梦想对一个人是很重要的，一个没有梦想的人，就像一个断了线的风筝一样，没有任何的方向和依靠；就像大海中一艘迷失了方向的船，永远都靠不了岸。

要想成功，必须具有梦想，你的梦想决定了你的人生。

一位成功人士回忆他难忘的经历：小学六年级的时候，我考试得了第一名，老师送我一本世界地图，我好高兴，跑回家就开始看这本世界地图。很不幸，那天轮到我为家人烧洗澡水。我就一边烧水，一边在火炉边看地图，看到一张埃及地图，想到埃及很好，埃及有金字塔，有埃及艳后，有尼罗河，有法老王，有很多神秘的东西，心想长大以后如果有机会我一定要去埃及。

看得入神的时候，突然有一个大人从浴室里冲出来，胖胖的，围一条浴巾，用很大的声音跟我说："你在干什么？"我抬头一看，原来是我爸爸，我说："我在看地图！"爸爸很生气，说："火都熄了，看什么地图！"我说："我在看埃及的地图。"我父亲跑过来"啪""啪"给我两个耳光，然后说："赶快生火！看什么埃及地图？"打完后，踢我屁股一脚，把我踢到火炉旁边去，用很严肃的表情跟我讲："我给你保证！你这辈子不可能到那么遥远的地方！赶快生火！”

我当时看着我爸爸，呆住了，心想：“我爸爸怎么给我这么奇怪的保证，真的吗？我这一生真的不可能去埃及吗？”20年后，我第一次出国就去了埃及，我的朋友都问我：“到埃及干什么？”那时候还没开放观光，出国是很难的。我说：“因为我的生命不要被保证。”

有一天，我坐在金字塔前面的台阶上，买了张明信片给我爸爸。我写道，“亲爱的爸爸：我现在在埃及的金字塔前面给你写信。记得小时候，你打我两个耳光，踢我一脚，保证我不能到这么远的地方来，现在我就坐在这里给你写信。”写的时候感触很深。我爸爸收到明信片时跟我妈妈说：“哦！这是哪一次打的，怎么那么有效？一脚踢到埃及去了。”

梦想在生命中是非常重要的东西。只有梦想可以使我们有希望，只有梦想可以使我们保持充沛的想象力和创造力。如果一个人没有梦想，这个人就很可悲。

但梦想也不一样，不同的梦想，成就不同的人生。

有一天，上帝造了三个人。

他问第一个人：“到了人世间，你准备怎样度过自己的一生？”第一个人回答说：“我要充分利用生命去创造。”

上帝又问第二个人：“到了人世间，你准备怎样度过自己的一生？”第二个人回答说：“我要充分利用生命去享受。”

上帝又问第三个人：“到了人世间，你准备怎样度过自己的一生？”第三个人回答说：“我既要创造人生，又要享受人生。”

上帝给第一个人打了50分，给第二个人打了50分，给第三个人打了100分。他认为第三个人才是最完整的人。

第一个人来到人世间，表现出了不平常的奉献感和拯救感。

他为许许多多的人做出了许许多多的贡献，对自己帮助过的人，他从无所求。他为真理而奋斗，屡遭误解也毫无怨言。慢慢地，他成了德高望重的人，他的善行被广为传颂，被人们默默敬仰。他离开人间的时候，人们从四面八方赶来为他送行。直至若干年后，他还一直被人们深深地怀念着。

第二个人来到人世间，表现出了不寻常的占有欲和破坏欲。为了达到目的，他不择手段，甚至无恶不作。慢慢地，他拥有了无数的财富，生活奢华，一掷千金，妻妾成群。他因作恶太多而得到了应有的惩罚。正义之剑把他驱出人间的时候，他得到的是鄙视和唾骂，被人们深深地痛恨着。

第三个人来到人世间，没有任何不平常的表现。他建立了自己的家庭，过着忙碌而充实的生活。若干年后，没有人记得他的存在。人类为第一个人打了 100 分，为第二个人打了 0 分，为第三个人打了 50 分。

虽然上帝和人所打的分数不完全相同，但是有一点却是相同的，那就是：不同的梦想造就了不同的人生。如果你秉持着渺小的梦想，你的人生结局也会是渺小的；如果你怀揣着伟大的梦想，你的人生可能就会是伟大的。因此，每个人都需要一个伟大的梦想，这样，你才会有一个伟大而成功的人生。

带着梦想上路

有梦就有希望。把梦想的翅膀张开，希望之门就会在不远处为我们打开。带着梦想上路，梦想就会变成一股神奇的力量，引导并催促着我们马不停蹄地前行。

梦想能激发人的潜能。心有多大，舞台就有多大。人是有潜力的，当我们抱着必胜的信心去迎接挑战时，我们就会挖掘出连自己都想象不到的潜能。如果没有梦想，潜能就会被埋没，即使有再多的机遇等着我们，也会错失良机。

这是一个流传在日本的故事，说的是一个叫田中和一个叫吉野的人，他们都是老实巴交的渔民，却都梦想着成为大富翁。

有一天晚上，田中做了一个奇怪的梦，梦见在对岸的岛上有一座寺，寺里种着 49 棵树，其中的一棵开着鲜艳的红花，花下埋着一坛闪闪的黄金。梦醒之后，田中便满心欢喜地驾船去了对岸的小岛，岛上果然有座寺，并种有 49 棵树。此时已是秋天，田中便住了下来，等候春天的花开。肃杀的隆冬一过，树上便开满了鲜花，但都是清一色的淡黄，田中没有找到开红花的一株，寺里的僧人也告诉他从未见过哪棵树开红花。田中便垂头丧气地驾船回到村庄。

后来，吉野知道了这件事，他劝田中再坚持一个冬天，田中退却了，于是他就用几文钱向田中买下了这个梦。吉野也驾船去了那个岛，也找到了那座寺，又是秋天了，吉野没有回去，他住下来等待第二年的春天。第二年春天，树花凌空怒放，寺里一片灿烂。奇迹就在此时发生了：果然有一棵树盛开出美丽绝伦的红花，吉野激动地在树下挖出一坛黄金。后来，吉野成了村庄里最富有的人。

这个奇异的传说，已在日本流传了近千年。今天的我们为田中感到遗憾：他与富翁的梦想只隔一个冬天，他忘了把梦带入第二个灿烂花开的春天，而那些足可令他一世激动的红花就在第二个春天盛开了！吉野无疑是个执着的人：他相信梦想，并且等待第二个春天！

有了梦想，你还要坚持下去，如果你半途而废，那和没有梦想的人也就没有区别了。

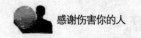

如果你能够不遗余力地坚持，就没有什么可以阻止理想的实现。

派蒂·威尔森在年幼时就被诊断出患有癫痫。她的父亲吉姆·威尔森习惯每天晨跑，有一天派蒂兴致勃勃地对父亲说："爸爸，我想每天跟你一起慢跑，但我担心中途会病情发作。"

她父亲回答说："万一你发病，我也知道该如何处理。我们明天就开始跑吧。"

于是，十几岁的派蒂就这样与跑步结下了不解之缘。和父亲一起晨跑是她一天之中最快乐的时光，跑步期间，派蒂的病一次也没发作。

几个礼拜之后，她向父亲表达了自己的心愿："爸爸，我想打破女子长距离跑步的世界纪录。"她父亲替她查了吉尼斯世界纪录，发现女子长距离跑步的最高纪录是 80 英里（约 129 千米）。

当时，读高一的派蒂为自己订立了一个长远的目标："今年我要从橘县跑到旧金山（约 644 千米）；高二时，要到达俄勒冈州的波特兰（约 2414 千米）；高三时的目标在圣路易市（约 3218 千米）；高四则要向白宫前进（约 4827 千米）。"

虽然派蒂的身体状况与他人不同，但她仍然满怀热情与理想。对她而言，癫痫只是偶尔给她带来不便的小毛病。她不因此消极畏缩，相反的，她更珍惜自己已经拥有的。

高一时，派蒂穿着上面写着"我爱癫痫"的衬衫，一路跑到了旧金山。她父亲陪她跑完了全程，做护士的母亲则开着旅行拖车尾随其后，照料父女两人。

高二时，她身后的支持者换成了班上的同学。他们拿着巨幅的海报为她加油打气，海报上写着："派蒂，跑啊！"但在这段前往波特兰的路上，她扭伤了脚踝。医生劝告她立刻中止跑步：“你的脚踝必须上石膏，否则会造成永久的伤害。”

她回答道：“医生，你不了解，跑步不是我一时的兴趣，而是我一辈子的至爱。我跑步不单是为了自己，同时也是要向所有人证明，身有残缺的人照样能跑马拉松。有什么方法能让我跑完这段路？”

医生表示可用黏合剂先将受损处接合，而不用上石膏。但他警告说，这样会起水泡，到时会疼痛难耐。派蒂二话没说便点头答应。

派蒂终于来到波特兰，俄勒冈州州长还陪她跑完最后1英里（约1609米）。一面写着红字的横幅早在终点等着她：“超级长跑女将，派蒂·威尔森在17岁生日这天创造了辉煌的纪录。”

高中的最后一年，派蒂花了4个月的时间，由西海岸长征到东海岸，最后抵达华盛顿，并接受总统召见。她告诉总统：“我想让其他人知道，癫痫患者与一般人无异，也能过正常的生活。”

梦想是前进的指南针。因为心中有梦想，我们才会执着于脚下的路，坚定自己的方向不回头，不会因为形形色色的诱惑而迷失方向，更不会被前方的险阻而吓退。

没有什么可以阻止理想的实现，困难不可以，病痛同样不可以。因为只要你做好了必要的准备，你的潜能就会充分发挥出来。

穷人最缺少什么

穷人最缺少的并不是钱，而是成功的欲望和野心，只要你时刻保持成功的欲望和野心，最终，你会从穷人堆中脱颖而出。

穷人最缺少什么？很多人都会这样回答：“穷人最缺少钱。”

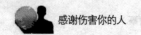

是的，穷人是缺钱，但穷人最缺少的仅仅是钱吗？

如果你现在过着贫穷的生活，你就应该深思这个问题。

巴拉昂是一位年轻的媒体大亨，以推销装饰肖像画起家，在不到10年的时间里，迅速跻身于法国50大富翁之列，1998年因前列腺癌在法国博比尼医院去世。临终前，他留下遗嘱，把他4.6亿法郎的股份捐献给博比尼医院，用于前列腺癌的研究，另有100万法郎作为奖金，奖给揭开贫穷之谜的人。

巴拉昂去世后，法国《科西嘉人报》刊登了他的遗嘱。他说："我曾是一个穷人，去世时却是以一个富人的身份走进天堂的。在跨入天堂的门槛之前，我不想把我成为富人的秘诀带走，现在，秘诀就锁在法兰西中央银行我的一个私人保险箱内，保险箱的三把钥匙在我的律师和两位代理人手中。谁若能通过回答"穷人最缺少的是什么"而猜中我的秘诀，他将能得到我的祝贺。当然，那时我已无法从墓穴中伸出双手为他的睿智欢呼，但是他可以从那只保险箱里荣幸地拿走100万法郎，那就是我给予他的掌声。"

遗嘱刊出后，《科西嘉人报》收到大量信件，有的骂巴拉昂疯了，有的说《科西嘉人报》为提升发行量在炒作，但是多数人还是寄来了自己的答案。

大部分人认为，穷人最缺少的是金钱。穷人还能缺少什么？当然是钱了，有了钱，就不再是穷人了。有一部分人认为，穷人最缺少的是机会。一些人之所以穷，就是因为没遇到好时机，股票疯涨前没有买进，股票疯涨后没有抛出，总之，穷人都穷在没有好的机会。另一部分人认为，穷人最缺少的是技能。现在能迅速致富的都是有一技之长的人，一些人之所以成了穷人，就是因为学无所长。还有的人认为，穷人最缺少的是帮助和关爱。每个党派在上台前，都曾给失业者大量的许诺，然而上台后真正关爱他们的又有几个？另外还有一些其他答案，比如：是漂亮，是皮尔·卡丹外套，是《科西嘉人报》，是总统的职位，是沙托鲁城生产的铜夜壶，等等。总之，答案五花八门，应有尽有。

巴拉昂逝世周年纪念日，他的律师和代理人按巴拉昂生前的交代在公证部门的监督下打开了那只保险箱。在48561封来信中，有一位叫蒂勒的小姑娘猜对了巴拉昂的秘诀。蒂勒和巴拉昂都认为穷人最缺少的是野心。

在颁奖之日，《科西嘉人报》带着所有人的好奇，问年仅9岁的蒂勒，为什么会想到是野心，而不是其他的。蒂勒说："每次，我姐姐把她11岁的男朋友带回家时，总是警告我说：'不要有野心！不要有野心！'我想，也许野心可以让人得到自己想得到的东西。"

巴拉昂的谜底和蒂勒的回答见报后，引起不小的震动，这种震动甚至超出法国，波及英美。不久后，一些好莱坞新贵和其他行业几位年轻的富翁就此话题接受电台的采访时，都毫不掩饰地承认，野心是永恒的特效药，是所有奇迹的萌发点。某些人之所以贫穷，大多是因为他们有一种无可救药的缺点，即缺乏野心。

很多人终其一生都生活在贫困的边缘，不能自拔。其原因就在于他们已经默认贫穷，从来就不思改变，把贫穷的折磨当成一种必然来对待。这些人真的是没有出路的人。

贫穷是一种思想病！因此你必须建立这种观念：有了"我想要"，才会有"我得到"。欲望是财富的原动力。

危机才能催生奇迹

危机有时就是奇迹的开端，因此，遇到危机也不要太慌乱。

镜子碎了，你还有机会吗？很多人也许就此悲观失落下去了。其实，镜子碎了，也隐藏着机会。因此，你绝不能气馁。

很久以前，在波斯执政的是沙阿，他很想按照法国模式建一个宫殿，其中要造一个像凡尔赛宫中一样的、壁上嵌满镜子的大厅。

当装满镜子的箱子运到时，建筑师亲手打开了第一个箱子，发现那些非常高大的大镜子全都碎了；他又打开第二只箱子，也是碎的；第三只，第四只……所有箱子里的玻璃镜都碎掉了！沙阿国王的愿望似乎实现不了了。

看到这种情况，建筑师起先也感到绝望。但他最终想出了办法，拿起锤子把所有的镜子都敲成一个个小小的碎片，这样就可以连柱子上也嵌上玻璃镜子了。当宫殿完工后，这个镜子大厅甚至比凡尔赛宫的原型更漂亮，沙阿国王高兴极了。

别为打碎的镜子哭泣，逆境有的时候也会变成机会，主要在于你的态度。别跟自己过不去，在逆境中微笑一下，打碎的镜子中也藏着机会。

别让赚钱成为你人生的唯一目标

人生可以有许多追求，如果你狭隘地将人生的追求设置为赚钱，那你人生的底蕴必定会非常单薄。

在很多人的心目中，一个成功的人，就是一个能够赚钱的人。金钱，成为衡量一个人成功与否的标准。

其实，人生的追求可以有很多选择，成功的方式也多种多样，最成功的人不一定是最能赚钱的人，能赚钱的人也不一定非常成功。总之，不要把赚钱当成你人生的唯一目标。

一位在纽约华尔街附近一间餐馆打工的中国 MBA（Master of Business Administration 工商管理硕士）留学生，每一天下班后总是对着餐馆大厨老生常谈地发誓说："看着吧，总有一天我会打入华尔街。"大厨侧过脸来好奇地询问他："你毕业后有什么设想？"中国留学生答道："当然是马上进跨国公司，前途和钱途就有保障了。"大厨又说："我没问你的前途和钱途，我问的是你将来的工作志趣和人生志趣。"留学生一时语塞。

大厨叹口气嘟囔道："要是继续经济低迷，餐馆歇业，我就只好去当银行家了。"中国留学生差点惊了个跟头，他觉得不是大厨精神失常，就是自己耳朵幻听，眼前这位自己一向视为大老粗的人，跟银行家岂能扯得上？大厨盯着惊呆了的留学生解释说："我以前就在华尔街的银行里上班，日出而作，日落却无法休息，每天都是午夜后才回家，我终于厌烦了这种劳苦生涯。我年轻的时候就喜欢烹饪，看着亲友们津津有味地品尝我做的美食，我便乐得心花怒放。一次午夜两点多钟，我办完了一天的公事后，在办公室里嚼着令人厌恶的汉堡包时，我就下决心辞职去当一名专业美食家，这样不仅可以满足挑剔的肠胃，还有机会为众人献艺。"

工作为了什么？仅仅是钱吗？那将付出令人厌恶的代价。为了志趣工作，收获的金钱可能少一点儿，但同时收获到了无法用金钱估价的乐趣。那位餐馆大厨的话的确发人深省。

第二节　你没理由继续埋没自己

再等下去，你就变成化石了

如果你已经决定改变你的现状了，那就不要再等下去，立即行动起来，向你的目标进发。

人生要想成功，就要一点一滴地积累。先给自己设定一个切实可行的目标，确实达到之后，再迈向更高的目标。

那就别再瞻前顾后地等待了，现在就动手，马上行动吧！

有个农夫新购置了一块农田。可他发现在农田的中央有一块大石头。

“为什么不把它搬走呢？”农夫问卖主。

“哦，它太大了。”卖主为难地回答说。

农夫二话没说，立即找来一根铁棍，撬开石头的一端，意外地发现这块石头的厚度还不及一尺，农夫只花了一点点时间，就将石头搬离了农田。

也许，在一开始的时候，你会觉得坚持“马上行动”这种态度很不容易，但最终你会发现这种态度会成为你个人价值的一部分。而当你体验到他人的肯定给你的工作和生活所带来的帮助时，你就会坚持不懈地运用这种态度。

人都会走入误区，一提到成功就想到开工厂、做生意。这一想法如不突破，就抓不住许多在他看来不可能的新机遇。真正想一想，成功与失败、富有与贫穷只是因为当初的一念之差。很多有钱人当初带几千元杀进股市，几年后便成了百万富翁；当初只花几百元去摆地摊，10 年后就变成了大老板。可是有人说，如果我当初做会比他们赚钱更多。不错，你的能力比他强，你的资金比他多，你的经验或许比他足。可是这就是当初一念之差，你的观念决定了你当初不去做，不去做的观念决定了你 10 年后的今天还是个穷人，不同的观念导致了不同的人生。

有人面对一个来之不易的好机会总是拿不定主意，于是去问其他人，问了 10 人肯定有 9 人说不能做，于是放弃了。其实你不知道机遇来源于新生事物，而新生事物之所以新就是因为 90% 的人还不知道、不了解，等 90% 的人知道了就不再是新生事物。就拿这个好机会来说，你问 10 个人，很可能 10 个人都摇头，但再过一段时间，这 10 个人点头时，这个市场就已经开始饱和了！多数人不了解时叫“机会”；多数人都认可时叫“行业”；永远不认可的叫“消费者”，也叫“贫困户”。

第一批下海经商的人——富了，第一批买原始股的人——富了，第一批买地皮的人——富了。他们富了，因为他们敢于在大多数人还在犹豫不决的时候就做出了实际行动。先行一步，抢得商机，占领了市场。今天，这也是新生事物，在很多人还不了解的时候，你开始行动，便抢得了商机，占领了市场的制高点。不要再等下去了，要想改变现状，就马上行动，你就会获得成功。

把自己放在最低处

人的精神境界要高，越高越好；但人的行动及现实生活，要尽量放低，因为只有低到最低处，你向上的势能才更大更足。

很多人的工作糟糕得一塌糊涂，但却想维持一种有格调的小资生活，甚至是贵族生活，这种情形造成的后果是他的经济情况越来越糟糕，最后达到崩盘的地步。

每个人在踏入社会之后，都必须放低身份，看清自己的现状，权衡自己的经济条件，若一味盲目地拔高自己的生活及地位，最终只能导致跌得更惨的后果。聪明人都知道，要把自己放在最低处。

有一家公司，老板是位广东人，对下属非常厉害，从不给一个笑脸，但也是个说一不二的人，该给你多少工资、奖金，不会少你一分，下属都拼命地工作。

公司有个规定，不准相互打听别人得多少奖金，否则“请你走好”。虽然很不习惯，员工还是一直遵守着，努力克制着从小就养成的好奇心。有一个月，大家都发现自己的奖金少了一大截，开始不说，但情绪总会流露出来，渐渐地，大家都心照不宣了。

那天中午，吃工作餐的时候，大家见老板不在公司，就有人摔盆、砸碗、发脾气，很快得到众人的响应，一时抱怨声盈室。

有一位到公司不久的中年妇女，一直安安静静地吃饭，与热热闹闹的抱怨太不相称了，这引起了大家的注意。

他们问她，难道你没有发现你的奖金被老板无端扣掉一部分吗？她说没有，整个餐厅一下子安静下来，每个人都一脸的疑惑，每个人都在心里揣摩，人人都被扣了，为何她得以逃脱？不久，她被提升了，他们又嫉妒又羡慕，她的工资高出一大截来，还有奖金。

很久以后，大家才知道她是被扣得最多的一个，她描述自己当时的心情，的确没有装蒜，而是这样想的：这个月我一定做得不好，所以才只配拿这份较少的奖金，下个月一定努力。为何别的人没有这样的想法呢？她是这样分析的：那时她工作了近 20 年的工厂亏损得已很厉害，常常发不出工资，她实在没办法，因为家庭负担太重，上有生病的老人，下有读书的孩子，还有因车祸落下残疾的丈夫，于是就出来打工了，收入比起以前的工资来要高出百十元钱，这让她喜出望外，非常珍惜这份工作，甚至有一种感激的心情。

后来，许多人离开了那家公司，跳了几次槽，却都没有得到一份满意的工作。但是，她一直坚守在那儿，已经当上了经理助理，是标准的白领丽人。谁能想到几年前，她不过是人到中年的下岗女工呢？

做人做事都不能太浮躁，这样才能清楚地衡量自己，掌握人生的主动权。

人生处于低潮，那就让自己从谷底开始吧！脚踏实地地爬坡，这样的人终有一天会登上人生的顶峰。把自己放在最低处，你的人生更容易获得成功。

竭尽所能突破现在的困境

冬天来了，春天还会远吗？

有时成功很简单，跨越那条界限，你就属于成功一族，没有跨越界限的人，无论你和那条界线的距离有多么近，你也属于一个失败者。对于一个逃兵而言，五十步和一百步没有本质的区别。

如果你现在身处困境，那就发挥你的全部能量吧，冲破那条界线，你可能就是成功者。成功和失败，往往就在于你能否在一念之间咬咬牙坚持。

约翰是一个汽车推销商的儿子，是一个典型的美国孩子。他活泼、健康，热衷于篮球、网球、垒球等运动，是中学里一个众所周知的优秀学生。后来约翰应征入伍，在一次军事行动中，他所在部队被派遣驻守一个山头。激战中，突然一颗炸弹飞入他们的阵地，眼看即将爆炸，他果断地扑向炸弹，试图将它扔开，可是炸弹却爆炸了，他被重重地炸倒在地上，他发现自己的右腿右手全部炸掉了，左腿变得血肉模糊，也必须截掉了。一瞬间他想哭，却哭不出来，因为弹片穿过了他的喉咙。人们都以为约翰再也不能生还，但他却奇迹般地活了下来。

是什么力量使他活了下来？是格言的力量。在生命垂危的时候，他反复诵读贤人先哲的这句格言："如果你懂得苦难磨炼出坚韧，坚韧孕育出骨气，骨气萌发不懈的希望，那么苦难会最终给你带来幸福。"约翰一次又一次默念着这段话，心中始终保持着不灭的希望。然而，对于一个三截肢(双腿、右臂)的年轻人来说，这个打击实在太大了！在深深的绝望中，他又看到了一句先哲格言："当你被命运击倒在最底层之后，再能高高跃起就是成功。"

回国后，他从事了政治活动。他先在州议会中当选了两届议员。然后，他竞选副州长失败。这是一次沉重的打击。但他用这样一句格言鼓励自己："经验不等于经历，经验是一个人经过经历所获得的感受。"这指导他更自觉地去尝试。紧接着，他学会驾驶一辆特制的汽车并跑遍全国，发动了一场支持退伍军人的事业。那一年，总统命他担任全国复员军人委员会负责人，那时他34岁，是在这个机构中担任此职务最年轻的一个人。约翰卸任后，回到自己的家乡。1982年，他被选为州议会部长，1986年再次当选。

今天，约翰已成为亚特兰大城一个传奇式人物。人们可以经常在篮球场上看到他摇着轮椅打篮球。他经常邀请年轻人与他做投篮比赛。他曾经用左手一连投进了18个空心篮。引用一句格言说：“你必须知道，人们是以你自己看待自己的方式来看你的。你对自己自怜，人家则会报以怜悯；你充满自信，人们会待以敬畏；你自暴自弃，多数人就会嗤之以鼻。”一个只剩一条手臂的人能成为一名议会部长，能被总统赏识担任一个全国机构的要职，是这些格言给了他力量。同时，他的成功也成了这些格言的有力佐证。

当周围的一切既定时，我们必须学会改变自己。正如河水溢涨不会改期，但人类可以迁徙；狼群出没不可避免，但羚羊可以奔跑。

英国诗人雪莱说：“除了变，一切都不会长久。”有些人宁可在困境中沉沦，也不期冀在改变中挣扎。害怕林荫小路后是万丈悬崖，而不敢去采撷那份芳菲；害怕改变是更大痛苦的序言，而不敢走出熟悉的圈子。正如司汤达所言：“一个真正的天才，绝不遵循常人的思想途径。”当众人在困境中负隅抗争时，你是否看到困境外那缕阳光呢？天才也许就这么简单。

“敢做”有时比“会做”更重要

一个没有勇气的人，一定不会取得任何成就。有时候，你一定要鼓足勇气，做一个“敢做”的人。

任何时候，都不要失去勇气，即使一件事你没有十足的把握，你也要把勇气放在心头。一个有勇气的人，有时比一个能工巧匠更能获得成功。

1956 年，58 岁的哈默购买了美国西方石油公司，开始大做石油生意。石油是最能赚大钱的行业，也正因为最能赚钱，所以竞争尤为激烈。初涉石油领域的哈默要建立起自己的石油王国，无疑面临着极大的竞争风险。

首先碰到的是油源问题。1960 年石油产量占美国总产量 38% 的得克萨斯州，已被几家大石油公司垄断，哈默无法插手；沙特阿拉伯是美国埃克森石油公司的天下，哈默难以染指。如何解决油源问题呢？1960 年，当花费了 1000 万美元勘探资金而毫无结果时，哈默再一次冒险地接受了一位青年地质学家的建议：旧金山以东一片被德士古石油公司放弃的地区，可能蕴藏着丰富的天然气，并建议哈默的西方石油公司把它租下来。哈默又千方百计从各方面筹集了一大笔钱，投入了这一冒险的投资。当钻到 860 英尺（约 262 米）深时，终于钻出了加利福尼亚州的第二大天然气田，估计价值在 2 亿美元以上。

哈默成功的事实告诉我们：利润和风险的大小是成正比的，巨大的风险能带来巨大的效益。

与其不尝试而失败，不如尝试了再失败，不战而败如同运动员在竞赛时弃权，是一种极端怯懦的行为。作为一个成功的经营者，就必须具备坚强的毅力，以及“即使失败也要试试看”的勇气和胆略。当然，冒风险也并非铤而走险，敢冒风险的勇气和胆略是建立在对客观现实的科学分析基础之上的。顺应客观规律，加上主观努力，力争从风险中获得效益，是成功者必备的心理素质，这就是人们常说的应当胆识结合。

成功需要充足的勇气，哈默正是依靠勇气而获得成功。

成功者必是勇敢者，而所谓勇敢者也必须是一个既敢想又敢做的人。

勇气有时就是咬咬牙

自卑与怯懦永远无法开启成功的大门。

你觉得人生没有希望了吗？当我们在习惯性地发完牢骚以后，试想一下，我们能从中得到些什么呢？

有位哲人说过："什么是路？就是从没路的地方践踏出来的，从只有荆棘的地方开辟出来的。"既然人生如此不如意，那就鼓起你的勇气，去开辟一条道路。不要把勇气想得多伟大、多高尚，其实，现实生活中的勇气有时就在于你是否能够咬咬牙。

听说英国皇家学院张榜公开为大名鼎鼎的教授甘布士选拔科研助手，这让年轻的装订工人法拉第激动不已，他赶忙到选拔委员会报了名。但在选拔考试的前一天，法拉第被意外通知，取消他的考试资格，因为他只是一个普通工人。

法拉第愣了，他气愤地赶到选拔委员会。但委员们傲慢地嘲笑说："没有办法，一个普通的装订工人想到皇家学院来，除非你能得到甘布士教授的同意！"

法拉第犹豫了。如果不能见到甘布士教授，自己就没有机会参加选拔考试。但一个普通的书籍装订工人要想拜见大名鼎鼎的皇家学院教授，他会理睬吗？

法拉第顾虑重重，但为了自己的人生梦想，他还是鼓足了勇气站到了甘布士教授的大门口。教授家的门紧闭着，法拉第在教授家门前徘徊了很久。终于教授家的大门被一颗胆怯的心敲响了。

屋里没有声响，当法拉第准备再次敲门的时候，门却"吱呀"一声开了。一位面色红润、须发皆白、精神矍铄的老者正注视着法拉第。"门没有闩，请你进来。"老者微笑着对法拉第说。

“教授家的大门整天都不闩吗？”法拉第疑惑地问。

“为什么要闩上呢？”老者笑着说，“当你把别人闩在门外的时候，也把自己闩在了屋里。我才不当这样的傻瓜呢！”他就是甘布士教授。他将法拉第带到屋里坐下，聆听了这个年轻人的诉说和要求后，写了一张字条递给法拉第：“年轻人，你带着这张字条去告诉委员会的那帮人，说甘布士老头同意了。”

经过严格而激烈的选拔考试，书籍装订工法拉第出人意料地成了甘布士教授的科研助手，走进了英国皇家学院那高贵而华美的大门。

就像很多成功的人一样，法拉第之所以能够从一位书籍装订工一跃而成为甘布士教授的助手，就在于他在机会的门前鼓起了勇气，敲响了大门，而那勇气，也就是他在想放弃的一瞬间咬了咬牙。

我们常常因为自己的出身、境遇而深感自卑，认为机会不可能垂青于我们，始终没有勇气与命运抗争。然而，勇气使人强大，充满勇气的人，敢于坚持自己的人生梦想，自信自强，意志坚定，最终能叩响成功之门。

成功与否就在于你想不想要

一个人若要取得成功，关键还在于你想不想成功，心想了，事才能成。有时候，欲望的作用是无价的。

成功的人都拥有相同的特质，他们都拥有强烈的成功欲望。如果说梦想是迈向成功的方向，那么欲望就是迈向成功的燃料。欲望越强，产生的动能越强，越能克服困难，获得成功。

生活中很多人也有成功的愿望，但愿望和欲望不一样。愿望只是静态的，“我希望成功，希望富有，希望很有成就……”而欲望则是动态的。“我要获得成功、要创造财富、要获得成就……”因此拥有欲望的不仅有愿望，还要付诸行动，真正去追求渴望获得的一切。因此，如果你想要成功，就必须要有成功的欲望。

原籍中国广东的泰国华侨、亚洲著名的富翁之一、泰国的头号大亨、泰国盘谷银行的董事长陈弼臣，其父亲只是泰国曼谷某商业机构的一名普通秘书。陈弼臣儿时被父亲送回中国接受教育，17岁那一年因家境贫困被迫辍学。返回曼谷后，陈弼臣做过搬运夫、售货小贩以及厨师，同时还做过两家木材公司的会计，日子就在精打细算中度过。4年之后，陈弼臣终于从一家建筑公司职位低微的秘书，晋升为部门经理。后来，在几位朋友的赞助下，他集资创办了一家五金木材行，自任经理。经过艰苦的奋斗，攒了一些钱后，陈弼臣又接连开了3家公司，致力于木材、五金、药物、罐头食品以及大米的外销业务。当时，泰国被日本占领，陈弼臣的生意之艰难可想而知。但是，陈弼臣一边抗日，一边做生意，业务在他的努力下渐渐兴隆。

1944年底，陈弼臣与其他10个泰国商人集资20万美元创立了盘谷银行，职员仅仅23人。银行正式营业后，陈弼臣经常与那些受尽了列强凌辱、被外国大银行拒之于门外的华裔小商人来往。尽管那些贫穷的小商人时常突如其来地闯进陈弼臣的家中，但仍然受到陈弼臣的礼遇。

关于这一点，陈弼臣后来说：“在亚洲开银行是做生意，不是只做金融业务。当我判断一笔生意是否可做时，只观察这个顾客本人，他的过去和他的家庭状况。”

陈弼臣最初负责银行的出口贸易，因此与亚洲各地的华人商业团体建立了广泛的联系，并且积累了丰富的业务知识和经验，大大推进了盘谷银行的出口业务。在他出任盘谷银行的总裁后，一直是这家银行的中流砥柱。

经过多年的艰苦奋斗，陈弼臣已跨进亚洲的大富翁之列。

陈弼臣的成功史，其实是一部白手起家的创业史。他没有继承祖业，也没有飞来的横财，他经过苦苦地寻觅，一直不甘落后，渴望成功，终于找到了属于自己的那一片蓝天，自己的那一方土地，找到了属于自己的发展机遇。这一切都是他不听任命运摆布的结果。

一个人能否成功，关键还在于你是否想成功和你成功的欲望有多大。在人生的道路上，充满了各种困难和障碍，若你没有强烈的欲望，你就不可能战胜困难，越过障碍，只能陷于平庸。

做自己命运的主宰

做自己命运的主宰，才能真正把握自己的人生，并将胜利的天平向自己倾斜。

我们应该做命运的主人，而不应由命运来折磨摆布自己。西方哲学家蓝姆·达斯曾讲了一个真实的故事。一个因病而仅剩下数周生命的妇人，一直将所有的精力都用来思考和谈论死亡有多恐怖。

以安慰垂死之人著称的蓝姆·达斯当时便直截了当地对她说：“你是不是可以不要花那么多时间去想死，而把这些时间用来活呢？”

他刚对她这么说时，那妇人觉得非常不快。但当她看出蓝姆·达斯眼中的真诚时，便慢慢地领悟到他话中的含义。

“说得对！”她说，“我一直忙着想死，完全忘了该怎么活了。”

一个星期之后，那妇人还是过世了。她在死前充满感激地对蓝姆·达斯说："过去一个星期，我活得要比前一阵子丰富多了。"

你为什么要把命运交给别人掌控呢？自己去掌舵，生命才会更精彩。

在某大学入学教育的第一堂课上，年近花甲的老教授向学生们提了这样一个问题："请问在座的各位，你们从千里之外考到这所院校，独自一人到学校报名的同学请举手。"举手者寥寥无几，且大多都是从农村来的。教授接着说："由父母亲自送到学校接待点的请举手。"大教室里近百双手齐刷刷地举了起来。教授摇摇头，笑了笑给学生们讲了这样一个故事。

一个中国留学生，以优异的成绩考入了美国的一所著名大学，由于人生地不熟，思乡心切加上饮食生活等诸多的不习惯，入学不久便病倒了，更为严重的是由于生活费用不够，他的生活甚为窘迫，濒临退学。给餐馆打工一小时可以挣几美元，他嫌累不干，几个月下来他所带的费用所剩无几，学校放假时他准备退学回家。回到故乡后，在机场迎接他的是他年近花甲的父亲。当他走下飞机扶梯的时候，立刻看到自己久违的父亲，便兴高采烈地向他跑去，父亲脸上堆满了笑容，张开双臂准备拥抱儿子。可就在儿子搂到父亲脖子的那一刹那，这位父亲却突然快速地向后退了一步，孩子扑了个空，一个趔趄摔倒在地。他对父亲的举动深为不解。父亲拉起倒在地上已经开始抽泣的孩子深情地对他说："孩子，这个世界上没有任何人可以做你的靠山，当你的支点。你若想在生活中立于不败之地，任何时候都不能丧失那个叫自立、自信、自强的生命支点，一切全靠你自己！"说完父亲塞给孩子一张返程机票。这位学生没跨进家门直接登上了返校的航班，返校不久他获得了学院里的最高奖学金，且有数篇论文发表在有国际影响的刊物上。

教授讲完后学生们急于知道这个父亲是谁时，老教授说："这世界上每一个人出生在什么样的家庭、有多少财产、有什么样的父亲、什么样的地位、怎样的亲朋好友并不重要，重要的是我们不能将希望寄托于他人，必要时要给自己一个趔趄，只要不轻言放弃，自立、自信、自强，就没有什么实现不了的事。"

教授这样说完后，全场鸦雀无声，同学们似乎一下子长大了许多。

亨利曾经说过："我是命运的主人，我主宰我的心灵。"做人应该做自己的主人；应该主宰自己的命运，不能把自己交付给别人。然而，生活中有的人却不能主宰自己。有的人把自己交付给了金钱，成为金钱的奴隶；有的人为了权力，成了权力的俘虏；有的人经不住生活中各种挫折与困难的考验，把自己交给了上帝；有的人经历一次失败后便迷失了自己，向命运低头，从此一蹶不振。

一个不想改变自己命运的人，是可悲的；一个不能靠自己的能力改变命运的人，是不幸的。一个人的成功，要经过无数的考验，而一个经受不住考验的人是绝对不能干出一番大事的。很多人之所以不能成就大事，关键就在于无法激发挑战命运的勇气和决心，不善于在现实中寻找答案。古今中外的成功者，无不凭借自己的努力奋斗，掌控命运之舟，在波峰浪谷中破浪扬帆。

每个人都要努力做命运的主人，不能任由命运摆布自己。像莫扎特、凡·高这些历史上的名人，都是我们的榜样，他们生前都没有受到命运的公平待遇，但他们没有屈服于命运，没有向命运低头，他们向命运发起了挑战，最终战胜了命运，成了自己的主人，成了命运的主宰。

第三节 让自己变得卓越不凡

追求卓越才能成为核心人物

比尔·盖茨曾对他的员工说："工作本身就没有贵贱之分，对待工作的态度却有高低之别。"公司所有的员工都是从最基层的工作做起的，只有那些追求卓越，以积极态度对待工作的人，才能步步高升为公司的核心人物。

在人生历程中，每个人都迫切希望自己能成为众人中的焦点，成为聚光灯的中心，事实上，这并不是什么困难的事，只要你拥有一颗追求卓越的心。

推销员戴尔做了一年半的业务，看到许多比他后进公司的人都晋升了职位，而且薪水也比他高许多，他百思不得其解。想想自己来了这么长时间了，客户也没少联系，薪水也还凑合着能应付自己开支，可就是没有大的订单让他在业务上有所起色。

有一天，戴尔像往常一样下班就打开电视若无其事地看起来，突然有一个名为"如何使生命增值"的专家专题采访的栏目引起了他的关注。

心理学专家回答记者说："我们无法控制生命的长度，但我们完全可以把握生命的深度！其实每个人都拥有超出自己想象10倍以上的力量。要使生命增值，唯一的方法就是在职业领域中努力地追求卓越！"

戴尔听完这段话后，信心大增，他立即关掉电视，拿出纸和笔，严格地制定了半年内的工作计划，并落实到每一天的工作中……

两个月后，戴尔的业绩大幅增加；9 个月后，他已为公司赚取了 2500 万美元的利润；年底他就当上了公司的销售总监。

如今戴尔已拥有了自己的公司。他每次培训员工时，都不忘记说：“我相信你们会一天比一天更优秀，因为你们拥有这样的能力！”于是员工们信心倍增，公司的利润也飞速递增。

戴尔的事例说明了这样一个道理：追求卓越是每个人的生命要求，追求卓越也是每个人改变自己命运的基本要素。

追求卓越、取得成功是每个人的愿望。在人类文明的发展过程中，追求卓越始终是人们持久的动力和永恒的目标。

有什么样的目标，就有什么样的人生；有什么样的追求，就能达到什么样的人生高度。勤奋地工作，超越平庸，主动进取，才能取得职场上的成功，才会拥有精彩卓越的人生。

有一个人在 19 岁那年，独自一人带着 6 个窝窝头，骑着一辆破自行车，从小山村到离家 80 千米外的城里去谋生。

他好不容易在建筑工地上找到了一份打杂的活。一天的工钱是 17 元，这对他而言只够吃饭，但他还是想尽办法每天省下 1 元钱接济家人。

尽管生活十分艰难，但他还是不断地鼓励自己，为此他付出了比别人更多的努力。两个月后，他被提升为材料员，每天的工资加了 1 元钱。

靠比别人多付出，他初步站稳了脚跟。之后，他想继续寻求新的发展。他认为：要在新单位站稳脚跟，就得更多地得到大家的认可，甚至成为单位不可缺少的人。那么，怎样才能做到这点呢？

冥思苦想之后，他终于想到了一个小点子：工地的生活十分枯燥，他想，能不能让大家的业余生活过得丰富一点儿呢？想到这儿，他拿出自己省下来的一点钱，买了《三国演义》《水浒传》

等名著，将故事背下来，讲给大家听。这样一来，晚饭后的时间，总是大家最开心的时候，每天工地上都洋溢着工友们欢快的笑声。

一天，老板来工地检查工作，发现他有非常好的口才，于是决定将他提升为公关业务员。

一个小点子付诸实践后就能有这样的效果，他极受鼓舞。从此，他便努力将自己的特长运用到工作的各个方面。对工地上的所有问题，他都抱着一种是自己的事的心态去处理。夜班工友有随地小便的习惯，怎么说都没有用，他想尽办法让大家文明如厕；一个工友性格暴躁，喝酒后要与承包方拼命，他想办法平息矛盾，做到使双方都满意……

别看这些都是小事，但领导都看在眼里。慢慢地，他成了领导的左膀右臂。

由于他经常主动思考，终于等来了一个创业的良机。有一天，工地领导告诉他，公司本来承包了一个工程，但由于某些原因，决定放弃。

作为一个凡事都爱想办法的人，他力劝领导别放弃。领导看着他充满热情，突然说了一句话："这个项目我没有把握做好，如果你看得准，可以由你牵头来做，我可以为你提供帮助。"

他几乎不敢相信自己的耳朵，这不是给自己提供了一个可以自行创业的绝好机会吗？他毫不犹豫地接下了这个项目，然后信心百倍地干了起来。

这位年轻人用不懈的进取精神不断地想办法解决难题，终于出色地完成了这个项目。他现在不仅拥有当地最大的建筑队，还是内蒙古最大的草业经营者之一，每年有 1 万多户农民给他的企业提供玉米、草等饲料。拥有了巨额财富的他，在贫困的家乡建起了一个全世界最大的金霉素饲料添加剂生产厂，其生产量占全球的四分之一，很多父老乡亲跟着他走上了脱贫致富的道路。

这位创造了奇迹的人叫王东晓，是内蒙古华蒙金河集团的董事长。

追求卓越、拒绝平庸是每个人必备的品质之一。不要满足于一般的工作表现，要做就做最好，要成为老板心中不可缺少的人物。拿破仑曾鼓励士兵："不想当将军的士兵不是好士兵。"

为什么我们可以选择更好生活的时候，却总是选择了平庸呢？为什么我们可在职场中纵横驰骋的时候，却总是原地踏步、徘徊不前呢？

因为追求卓越的理念还没有深入我们的内心，只有将追求卓越的理念时刻放在心头，你才能披荆斩棘，走向成功的殿堂。

定位决定人生

一个人的心态在某种程度上取决于自己对自己的评价，这种评价有一个通俗的名词——定位。在心中你给自己定位什么，你就是什么，因为定位能决定人生，定位能改变人生。

条条大路通罗马，但你只能选择一条。人生亦如此，成功的路有很多条，但你需要做的是选择最适合自己的那一条路，然后坚定不移地走下去。

一个人怎样给自己定位，将决定其一生成就的大小。志在顶峰的人不会落在平地，甘心做奴隶的人永远也不会成为主人。

你可以长时间卖力工作、创意十足、聪明睿智、才华横溢、屡有洞见，甚至好运连连，可是，如果你无法在创造过程中给自己正确定位，不知道自己的方向是什么，一切都会徒劳无功。

所以说，你给自己定位是什么，你就是什么，定位能改变人生。

一个乞丐站在路旁卖橘子，一名商人路过，向乞丐面前的纸盒里投入几枚硬币后，就匆匆忙忙地赶路了。

过了一会儿后，商人回来取橘子，说：“对不起，我忘了拿橘子，因为你我毕竟都是商人。”

几年后，这位商人参加一次高级酒会，遇见了一位衣冠楚楚的先生向他敬酒致谢，并告知说：他就是当初卖橘子的乞丐。而他生活的改变，完全得益于商人的那句话——你我都是商人。

这个故事告诉我们：你定位于乞丐，你就是乞丐；当你定位于商人，你就是商人。

定位决定人生，定位改变人生。

汽车大王福特从小就在头脑中构想能够在路上行走的机器，用来代替牲口和人力。但是全家人都想让他在农场做助手，但福特坚信自己可以成为一名机械师。于是他用一年的时间完成了别人要3年才能完成的机械师培训，随后他花2年多时间研究蒸汽机，试图实现自己的梦想，但没有成功。随后他又投入到汽油机研究上来，每天都梦想制造一部汽车。他的创意被发明家爱迪生所赏识，邀请他到底特律公司担任工程师。经过10年努力，他成功地制造了第一部汽车引擎。福特的成功，完全归功于他的正确定位和不懈努力。

迈克尔在从商以前，曾是一家酒店的服务生，替客人搬行李、擦车。有一天，一辆豪华的劳斯莱斯轿车停在酒店门口，车主吩咐道：“把车洗洗。”迈克尔那时刚刚中学毕业，从未见过这么漂亮的车子，不免有几分惊喜。他边洗边欣赏这辆车，擦完后，忍不住拉开车门，想上去享受一番。这时，正巧领班走了出来。“你在干什么？”领班训斥道，“你不知道自己的身份和地位吗？你这种人一辈子也不配坐劳斯莱斯！”受辱的迈克尔从此发誓：“我不但要坐上劳斯莱斯，还要拥有自己的劳斯莱斯！”这成了他人生的奋斗目标。许多年以后，当他事业有成时，就为自己买了一部劳斯莱斯轿车。如果迈克尔也像领班一样认定自己的命运，那么，也许今天他还在替人擦车、搬行李，最多做一个领班。人生的目标对一个人是何等重要啊！

在现实中，总有这样一些人：他们或因受宿命论的影响，凡事听天由命；或因性格懦弱，习惯依赖他人；或因责任心太差，不敢承担责任；或因惰性太强，好逸恶劳；或因缺乏理想，混日为生……总之，他们做事低调，遇事逃避，不敢为人之先，不敢转变思路，而被一种消极心态所支配，甚至走向极端。

也许，成功的含义对每个人都有所不同，但无论你怎样看待成功，你必须有自己的定位。

把自己的定位再提高一些

定位不仅能改变你的目标，更能改变你对人生的看法，对生活的态度。把自己的定位再提高一些，你将收获别样的人生。

生活中的你一定不能因为暂时的困境而萎靡不振，你需要在困顿中明确自己的定位，因为定位不仅能改变你的人生目标，更能改变你对人生的看法和对生活的态度。把你的定位再提高一些，你的人生就会有所不同。

重量级拳王吉姆·柯伯特在跑步时，看见一个人在河边钓鱼，一条接着一条，收获颇丰。奇怪的是，柯伯特注意到那个人钓到大鱼就把它放回河里，小鱼才装进鱼篓里去。柯伯特很好奇，他就走过去问那个钓鱼的人为什么要那么做。钓鱼翁答道：“老兄，你以为我喜欢这么做吗？我也是没办法，我只有一个小煎锅，煎不下大鱼啊！”

很多时候，我们有一番雄心壮志时，就习惯性地告诉自己：“算了吧。我想的未免也太迂了，我只有一个小锅，煮不了大鱼。”我们甚至会进一步找借口来劝退自己：“更何况，如果这真是个好主意，别人一定早就想过了。我的胃口没有那么大，还是挑容易一点儿的事情做就行了，别累坏了自己。”

戴高乐说：“眼睛所到之处，是成功到达的地方，唯有伟大的人才能成就伟大的事，他们之所以伟大，是因为决心要做出伟大的事。”教田径的老师会告诉你：“跳远的时候，眼睛要看着远处，你才会跳得更远。”

一个人要想成就一番大的事业，必须树立远大的理想和抱负，有广阔的视野，不追求一朝一夕的成功，耐得住寂寞和清贫，按照既定的目标，始终坚持下去，到最后，他一定会获得成功。

古时候有个人决心要钓一条大鱼，他做了一个特大的钩，用很粗的黑丝绳做钓线，用一头牛做钓饵。一切准备完后，他蹲在会稽山上，开始了等待。整整一年过去了，他却一条鱼也没有钓到。但他并不泄气，每天照旧耐心地等待。

终于有一天，一条大鱼吞了他的鱼饵，大鱼很快牵着鱼线沉入水底。过了不大一会儿，又摆脊蹿出水面。几天几夜后，大鱼停止了挣扎，他把大鱼切成许多块，让南岭以北的许多人都尝到了大鱼的肉。

那些成天在小沟小河旁边，眼睛只看见小鱼小虾的人，怎么也想不通他是如何钓到大鱼的……

有一句话这样说：“取乎上，得其中；取乎中，得其下。”就是说，假如目标定得很高，取乎上，往往会得其中；而当你把定位定得很一般，很容易完成，取乎中，就只能得其下了。由此，我们不妨把自己的定位定得高一些，因为意愿所产生的力量更容易让人在每天清晨醒来时，不再迷恋自己的床榻，而会抱着十足的信心和动力去面对新的挑战。

人生随时都可以重新开始

只要你有一颗追求卓越的心，你的人生随时都能重新开始。

这个世界上不会有人一生都毫无转机，穷人可能会腾达为富人，富人也可能沦落为穷人。很多事情都是发生在一瞬间。富有或贫穷，胜利或失败，光荣或耻辱，所有的改变都会在一瞬间发生。

比如，一个人要戒烟，如果他总认为戒烟是一个渐进的、缓慢的过程，要逐渐地戒，那他永远也戒不了烟；他只有在某天突然感觉到再抽下去会得癌症，肺会完全烂掉，才会痛下决断，马上采取戒烟措施，才有可能戒掉烟。

特德·特纳年轻时是一个典型的花花公子，从不安分守己，他的父亲也拿他没办法。他曾两次被布朗大学除名。不久，他的父亲因企业债务问题而自杀，他因此受到了很大的触动。他想到父亲含辛茹苦地为家庭打拼，他却在胡作非为，不仅不能帮助父亲，反而为父亲添了无数麻烦。他决定改变自己的行为，要把父亲留给自己的公司打理好。从此他像变了一个人，成了一个工作狂，而且不断寻找机会，壮大父亲遗留的企业，最终将 CNN（Cable News Network 美国有线电视新闻网）从一个小企业变成了世界级的大公司。

其实，人的改变就在一瞬间，只要我们思想上有了一种强烈的要改变的意识，并下定决心，改变就会出现。一瞬间的改变可以成就一个人的一生，也可以毁灭一个人的一生，所以，我们不能忽视一瞬间的力量。

鲁迅认为中国落后是因为中国人的体格不行，被称作“东亚病夫”，于是他去日本学习医学。但一次在课间看电影的时候，他看到日本军人挥刀砍杀中国人，而围观的中国人却一脸的麻木，当时其他的日本同学大声地议论：“只要看中国人的样子，就可以断定中国必然灭亡。”鲁迅思想上突然发生了改变，他说：“因此我觉得医学并非一件紧要事，凡是愚弱的国民，即使体格如何健全，如何茁壮，也只能做毫无意义的示众的材料和看客，病死多少是不必以为不幸的，所以我的第一要素是改变他们的精神，而善于改变精神的，我那时以为当然要推文艺，于是想提倡文艺运动了。”从此，鲁迅决定弃医从文，以笔为枪，去唤醒沉睡中的中国，中国也多了一位伟大的思想家和文学家。

禅宗讲求顿悟，认为人的得道在于顿悟，在于一刹那的开悟。其实人生也是这样，人思想的改变就在一瞬间。当我们顿悟后，我们就能洞察生命的本性，从被奴役的生活而走向自由的道路，将蕴藏在内心中的仁慈和潜能都充分地发挥出来。

一个人想要达到成功的巅峰，也需要顿悟，从你的内心深处升起的那份对卓越的渴望，将会在瞬间改变你的一生。

如果你还在昏昏沉沉地过日子，那就不妨试试看。

下定决心去做伟大的事业

人不能获得成功的原因，有时就因为他们没有下定决心。如果你能够下定决心，并努力去做，再大的困难也阻挡不了你前进的脚步。

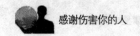

当今成功学界流行一个著名观点：成功来源于你是想要，还是一定要。如果仅仅是想要，可能我们什么都得不到；如果是一定要，那就一定有方法可以得到。成功来源于“我要”。我要，我就能；我一定要，我就一定能。

100% 的意愿，决定我们一定能找到 100% 的方法，因为成功一定有方法。

100% 的意愿，决定我们一定会采取 100% 的行动，因为第九十九步放弃，恰恰反证我们仅仅是想要，我们不是一定要，即不是真正的 100% 的意愿。

100% 的意愿，100% 的期望强度，强烈的成功欲望，这一切都在向我们证明：是决心，而不是环境在决定我们的命运；只有决心，才最终决定成功。

下定决心去做伟大的事业，你才能成就伟大。

17 岁的休斯做推销员时，他所有的亲戚朋友，都非常反对他做推销员，所以，他只好做陌生拜访。可是休斯又不大敢做陌生拜访，因为他害怕敲别人家门或跟陌生人谈论产品的时候，会被他们拒绝，因此业绩一直无法突破。

直到有一天，休斯的经理跑来找他，对他说：“你今天跟我去拜访。”

那天，他就跟经理一起下楼走到马路上，经理看到对面走来一个小女孩，就告诉休斯：“假如我现在走过这条马路没有办法向她推销产品的话，我走回马路时就让车撞死。”当时休斯听后吓了一大跳，心想经理怎么说出这种话。

只看到经理走过马路，开始向这位小女孩推销产品，经过了 15 分钟之后，他终于把产品卖出去了。

休斯看到之后，大为惊奇。于是，第二天他也想如法炮制，他就走下楼，开始向陌生人推销。可是，当他向陌生人开口的时候，头脑里马上想到万一被拒绝怎么办？于是又打退堂鼓了。

后来休斯回到公司，找了一位同事并带他下楼，休斯对同事说："你看着，假如我无法向对面那个陌生人推销产品的话，我走回马路时就让车撞死。"

当休斯说完这句话的时候，他脑海里一片空白，根本不知道自己即将如何推销。他硬着头皮走过去，开始与陌生人交谈，他根本不知道自己要说什么，但是又不能走回头路，因为，他刚刚做过承诺、发过誓了，于是他使出浑身解数向这位陌生人推销产品，经过了 30 分钟之后，不可思议的事情发生了：那个陌生人终于买了他的产品。

休斯发现，原来决心的力量这么大。

其实在人生的道路上何尝不是如此。在失意的时候，只要给自己加点劲，加点自信，咬咬牙，也许就能挺过去；也可能在徘徊与犹豫不决中一不小心跌了下去，再无心继续；也有可能在接近成功时，过早惊喜，让唾手可得的成功因一时大意离自己而去。有时候也不是不能成功，只是我们心有杂念，前怕狼，后怕虎，想得太多，分散了精力，让成功与自己擦肩而过。

挫折是锻炼意志的试金石，一生中有许多的坎坷需要走过，许多的挫折失意需要面对。坚定信心，下定决心，就成功了一半，相信自己：我行！我行！我一定能行！什么事都是人做的，别人能做的，我也一定能做，就算不能做得最好，至少我可以做得更好。不在乎别人的眼光，不和别人攀比，自己尽力，自己满意就行。

飞过高山、大海的小鸟，翅膀才会更强硬。只要你能够下定决心，再大的困难也不能阻挡你。在走过风风雨雨后，你会发现，曾经认为天大的难事，现在看来也不过是小菜一碟。

再遇挫折时，就当是又一次考验；再需要下决心时，不要想着下一次。现在就说:我行！我行！我一定能行！而不是也许能行。成功总是垂青有准备的人，勇敢面对，付出努力，才有成功的可能。

不要再迷迷糊糊过日子

很多人都像行尸走肉一样，做一天和尚撞一天钟，生命就在这样的日出日落中慢慢消逝，想要自己的人生有所改变，就不能再这样迷迷糊糊过下去了。

很多人在临终前回顾自己的一生时，多半都会深感遗憾。假设你对现状不满，想必也能体会梦想无法实现的痛苦，那是最难忍受的体验。

有人曾用老鼠做过一个实验：先架一排通道，每次都把一块奶酪放在三号通道，测试老鼠的反应。结果老鼠发现奶酪总是出现在三号通道，因此不必多看其他通道一眼，就知道直接往那儿爬。这时再把奶酪换个位置，摆在六号通道，起先老鼠还是照样朝三号通道走，但经过一段时间后，终于发现那儿没有奶酪了，于是转往其他通道寻找，直到在六号通道瞧见奶酪为止，从此又继续不断地出现在摆着奶酪的通道。

老鼠与人类的区别在于：大多数人依然会待在没有奶酪的通道，落入永远无法逃脱的陷阱。当一个人掉进半块奶酪也不剩的陷阱后(有时根本没人把奶酪放进去过)，便再也拿不到奶酪了。这里所说的“奶酪”，象征人类在追求、实现梦想以后所得到的快乐、充实与满足。

不少智力高、学历好、训练精、能力强的人一生从未尝过成功的滋味，为此他们感到郁郁寡欢、灰心丧气。他们既不追求理想，也不完成计划，而是选择现成的工作，终生窝在自己不喜欢的行业里。问题是，做了四五十年无聊差事的他们依旧待在那个没有奶酪的通道，却还在心里纳闷：自己要到哪年哪月才能享受丰富的人生？

因此，要想有所改变，就不能再像原来那样迷迷糊糊、漫无目的地生活了。

大学毕业后，小海的一位同学分到某县政府机关工作。去年夏天，10 多年没音讯的他突然打电话给小海，要小海帮他找个工作，因为他所在的单位突然裁员，他是第一批被裁的人员之一。

给他找工作，总得知道他的情况啊，小海问他：“过去 10 多年里，你取得过什么突出的业绩吗？”

“没有什么业绩，平平淡淡地过来了。”他说。

“那么，你进修过新的知识吗？比如考取过什么资格，拿到过什么新的学位？”

“没有。大学毕业后，我一直没有学习过，现在还是一个会计员，连助理会计师职称都没拿到。”

小海非常失望地说：“那么……你参加过什么可以助长你的技能的项目吗？”

“没有。”

小海失望之极：“那么，你这 10 多年都做什么去了呢？”

“开始几年谈恋爱，婚后几年打麻将，近几年在玩网络游戏。当时的想法是，在政府机关工作清闲，没什么压力，而且失业的可能性几乎为零，所以就安于现状，虚度了光阴，实在惭愧。”他说。

他知道惭愧了，但小海还是明确表示帮不了他。

世上还有许许多多和他一样的人，但上天是公平的，唯有心无旁骛、身体力行者才能拥有充实的人生。巴赫在《幻觉》里写道：

“少了实现愿望的能力，就不可能许下愿望，但无论如何还是要这么做。”徒有梦想，永远无法获得满足感。无论追求名利、爱情或事业，都要付诸行动。如果你对现状不满，就调整自己的生活，否则就无法摆脱原有的生活状态。

你最想成就什么样的丰功伟业？也许你有若干雄心大志，那就不妨把这些天马行空的美梦当作线索，仔细想想自己应该追求什么样的人生目标。先要认清哪些事情是你认为最有意义的，再把它们变成你的生活重心。如果在现有环境中无法实现梦想，就到别处去完成。

瞻前顾后只能使你停滞不前

在困境之中的人想要改变现状，更需要一心一意的专注精神，如果总是瞻前顾后，那你将会停滞不前。

人处于困境之中，更应该专注，一心一意地去做改变现状的工作，如果你还是瞻前顾后、左顾右盼，那你永远也不能改变不利的现状。

成就一番事业，实现人生价值，是一切有志者的追求。然而，通向成功的道路往往并不平坦，影响成功的因素复杂多样。现实生活中常常会看到这样的情形：有的人对学业、工作、事业专心致志、不懈努力，不受外界诱惑的干扰，扎扎实实地向着既定目标迈进，最终获得了成功；而有的人却耐不住寂寞，经不起诱惑，好高骛远、见异思迁，对学业、工作、事业缺乏一种执着精神，结果是一事无成。无数事实说明，专注是走向成功的一个重要因素。

有些成功，不需要太强的实力，需要的往往是专注；有些失败，并非缺乏良好的时机，缺乏的往往是坚持。有一则寓言故事，也许更能说明这个道理：

从前，有一对仙人夫妻，喜欢下围棋，他们常常到山上下棋。一只猴子，经年累月地躲在树上，看这对仙人下棋，终于练就了高超的棋艺。

不久，这只猴子下山来，到处找人挑战，结果，没有人是它的对手。最后，只要是下棋的人，一看对手是这只猴子，就甘拜下风，不战而逃。

国王终于看不下去了，全国这么多围棋高手竟然连一只猴子也敌不过，实在是太丢脸了。于是国王下诏：一定要找到人来战胜这只猴子。

然而，猴子的棋艺卓绝，举国上下，根本没有人是它的对手。那该怎么办呢？

这时，有一个大臣自告奋勇地说要与猴子下一盘。国王问："你有把握吗？"他说绝对有把握。但是，在比赛的场地桌上一定要放一盘水蜜桃。

比赛开始了，猴子与大臣面对面坐着，在比赛的桌子旁边放着一盘鲜嫩的水蜜桃。整盘棋赛中，猴子的眼睛盯着这盘水蜜桃，结果，猴子输了。

所谓"专注"，就是集中精力、全神贯注、专心致志。可以说，人们熟悉这个词就像熟悉自己的名字一样。然而，熟悉并不等于理解。从更深刻的含义上讲，专注乃是一种精神、一种境界。"把每一件事做到最好"，就是这种精神和境界的反映。一个专注的人，往往能够把自己的时间、精力和智慧凝聚到所要干的事情上，从而最大限度地发挥积极性、主动性和创造性，努力实现自己的目标。特别是在遇到诱惑、遭受挫折的时候，他们能够不为所动、勇往直前，直到最后取得成功。与此相反，一个人如果心浮气躁、朝三暮四，就不可能集中自己的时间、精力和智慧，干什么事情都只能是虎头蛇尾、半途而废。缺乏专注的精神，即使立下凌云壮志，也绝不会有所收获，因为“欲多则心散，心散则志衰，志衰则思不达也”。

专注源于强烈的责任感。只有讲责任、负责任，才能凝聚忠诚和热情，激发干劲和斗志。韩愈说：“业精于勤荒于嬉，行成于思毁于随。”古往今来，那些真正能干大事、能干成大事者，莫不具有敢担大任的胸怀和勇气。强烈的责任感，是专注的原动力。

专注来自淡泊和宁静。一个人在为工作和事业奋斗的过程中，困难和挫折在所难免，孤独和寂寞也在所难免。面对这些情况时，要能做到不受干扰、专注如一，关键是保持淡泊和宁静。经验表明，对一件事情，专注一时者众，而始终专注者寡。这其中的一个重要原因就在于，一般人很难长期耐得住寂寞、经得起考验。任何一个成功者的背后，都有着坚持不懈的执着追求和艰苦劳动。诸葛亮说：“淡泊以明志，宁静而致远。”唯有保持淡泊和宁静，才能坚定信念和追求，做到专注和执着。

一个人生活在社会中，面对纷繁复杂的世界，要想成就一番事业，就必须努力克服各种消极因素的影响。一个人如果总是瞻前顾后，左思右想，就永远不可能取得成功。

成功是靠自己去追求的

成功不会随随便便就落到你的手上，就像那些枝头的花一样，是经过含辛茹苦的追求才能开放的。

很多人都想找一个成功的诀窍，借诀窍的力量而平步青云，这是多么愚蠢的想法啊。

如果想要成功，你就必须付出努力去拼搏、去追求，成功是靠自己去追求的。若你依然在寻找成功的捷径，那到头来你就有可能一事无成。

很久很久以前，一位有钱人要出门远行，临行前他把仆人们叫到一起并把财产委托给他们保管。依据他们每个人的能力，他给了第一个仆人 10 两银子，第二个仆人 5 两银子，第三个仆人 2 两银子。拿到 10 两银子的仆人把它用于经商并且又赚了 10 两银子。同样，拿到 5 两银子的仆人也赚了 5 两银子。但是拿到 2 两银子的仆人却把它埋在了土里。

过了一年时间，他们的主人回来与他们结算。拿到 10 两银子的仆人带着另外 10 两银子来了。主人说："做得好，你是一个对很多事情都充满自信的人。我会让你掌管更多的事情。现在就去享受你的奖赏吧。"

同样，拿到 5 两银子的仆人带着他另外的 5 两银子来了。主人说："做得好，你是一个对一些事情充满自信的人。我会让你掌管很多事情。现在就去享受你的奖赏吧。"

最后，拿到 2 两银子的仆人来了，他说："主人，我知道你想成为一个强人，收获没有播种的土地。我很害怕，于是把钱埋在了地下。"主人回答道："你是个又懒又缺德的人，你既然知道我想收获没有播种的土地，那么你就应该把钱存到银行家那里，以便我回来时能拿到我的那份利息。"

这个仆人原以为自己会得到主人的赞赏，因为他没丢失主人给的那 2 两银子。在他看来，虽然没有使金钱增值，但也没丢失，就算是完成主人交代的任务了。然而他的主人却不这么认为，他不想让自己的仆人在等待中虚度年华，而是希望主动去追求，从而变得更成功。

从这个故事中，我们明白了，努力寻找方法去创造的人，才会得到更多的回报；而那些不想着去追求，被动地生活和工作的人，只能与平庸为伍。

只有勇于追求才可以改变命运，这是万古不变的道理，只想安于现状，那你的生命只会是死水一潭，而死水永远都不会成为浩瀚的大海。

勤奋是到达卓越的阶梯

勤奋的道理每一个人都懂，但是却不是每一个人都能做到的，而那些真正能做到的人，就会获得成功。

想成为一个卓越者，除了工作质量和拥有胜出意识外，还要有辛苦打拼的心理准备。工作事半功倍的人运气似乎总是特别好，因为他们特别容易遇到更多有价值、报酬高的工作机会，胜出的可能性也就更大。

在公司中，晋升到重要职位的人，通常都是最努力工作、最投入的人。他们会不断物色公司里像自己这样的人，所谓物以类聚。所以，想得到胜出的机会，除了为自己建立好的自我意识外，最快、最有效的做法莫过于勤奋工作。

不幸的是，生活中，大多数人都好逸恶劳，只求做好分内的工作，不被开除就好。

根据罗伯哈福国际公司调查，一般人拿了薪水，却只花了50%的时间在工作。管理阶层的人甚至在私下接受访问时也承认，大概有整整50%的上班时间，根本是在处理与工作、甚至与公司完全无关的私事。根据调查，上班族每天有37%的上班时间浪费在和同事无聊的闲聊上；另外22%则是浪费在迟到、早退上；有些则是浪费在休息和延长午餐时间上；又有些时间是因为私事和打私人电话而消耗掉了。

如果这些被浪费的时间能够被利用到工作中去，那么一个人的工作效率和工作成果会有多大的提升，其结果就可想而知了。

美国著名作家杰克·伦敦在19岁以前，还从来没有进过中学，但他非常勤奋，通过不懈的努力，使自己从小混混成为了一个文学巨匠。

杰克·伦敦的童年生活充满了贫困与艰难，他整天像发了疯一样跟着一群恶棍在旧金山海湾附近游荡。说起学校，他不屑一顾，并把大部分的时间都花在偷盗等勾当上。不过有一天，他漫不经心地走进一家公共图书馆内开始读起名著《鲁滨逊漂流记》时，他看得如痴如醉，并受到了深深的感动。在看这本书时，饥肠辘辘的他竟然舍不得中途停下来回家吃饭。第二天，他又跑到图书馆去看别的，另一个新的世界展现在他的面前——一个如同《天方夜谭》中巴格达一样奇异美妙的世界。从这以后，一种酷爱读书的情绪便不可抑制地左右了他。一天中，他读书的时间达到了10至15小时，从荷马到莎士比亚，从赫伯特·斯宾塞到马克思等人的所有著作，他都如饥似渴地读着。19岁时，他决定停止以前靠体力劳动吃饭的生涯，改成以脑力谋生。他厌倦了流浪的生活，他不愿再挨警察无情的拳头，他也不甘心让铁路的工头用灯按自己的脑袋。

于是，就在他19岁时，他进入加利福尼亚州的奥克德中学。他不分昼夜地用功，从来就没有好好地睡过一觉。天道酬勤，他也因此有了显著的进步，他只用了3个月的时间就把4年的课程念完了，通过考试后，他进入了加州大学。

他渴望成为一名伟大的作家，在这一雄心的驱使下，他一遍又一遍地读《金银岛》《基督山恩仇记》《双城记》等书，之后就拼命地写作。他每天写5000字，这也就是说，他可以用20天的时间完成一部长篇小说。他有时会一口气给编辑们寄出30篇小说，但它们统统被退了回来。

后来，他写了一篇名为《海岸外的飓风》的小说，这篇小说获得了《旧金山呼声》杂志所举办的征文比赛一等奖，但他只得到了20美元的稿费。5年后的1903年，他有6部长篇以及125篇短篇小说问世，他成了美国文艺界最为知名的人物之一。

杰克·伦敦的经历一点儿 都不让我们感到惊讶，一个人的成就和他的勤奋程度永远是成正比的。试想，如果杰克·伦敦不是那么勤奋，对写作那样如饥似渴，他绝对不会取得日后的成就。

勤奋是到达卓越的阶梯。如果你是一名懒惰者，那么，你就永远不会和卓越者有任何关系。

卓越就是要让自己变得更强

让一条线变短的最好方法是在它旁边再画一条长线。若想成就卓越，你就要变得更强。

在这个社会上要从众人中脱颖而出，你就要努力争取卓越，那怎样才能使自己变得卓越不凡呢？答案就是你要让自己变得更强。

一位拳击高手参加锦标赛，自信十足地认为一定可以勇夺冠军。却不料在决赛时，遇到一位实力相当的对手，使他难以招架。拳击高手感觉到自己竟然找不出对方的破绽，而对方的攻击却往往能击中他的要害。

比赛结果可想而知，拳击高手惨败在对方手下，也失去了冠军金腰带。

他懊恼不已地下台找他的教练，并请求教练帮他找出对方招式的破绽。

教练笑而不语，在地上画了一道线，要他在不能擦掉这条线的情况下，设法让这条线变短。

拳击高手苦思不解，最后只得放弃继续思考，而求教于教练。

教练在原先那条线的旁边，又画了一道更长的线，两者相较之下，原先的那条线，看来变得短了许多。

教练开口道："夺得冠军的重点，不在如何攻击对方的弱点。正如地上的长短线一样，只要你自己变得更强，对方正如原先的那条线一般，也就在无形中变得较弱。"

面对人生中的对手也要像画线一样，不要总想着去埋没别人的优点，而要设法让自己变得更强，只有自身的能力增强了，对手才会在无形中变得弱小，这时候，你就是真正的强者。只有以这样的态度去面对挑战，面对人生，生活才会永远充满向上的激情与动力。

第四节　突破你心中的瓶颈

突破你心中的瓶颈

当我们身处阴影之中，破茧而出并不困难。只要自己不倒，什么力量也不能把你击倒；最重要的是在内心深处把阳光锁定，时刻保持一颗健康明亮之心，让内心充满阳光。

曾经有人做过这样一个实验：用纸做一条长龙，长龙腹腔的空隙仅仅只能容纳几只蝗虫，投放进去，它们都在里面死了，无一幸免！而把几只同样大小的青虫从龙头放进去，然后关上龙头，观察者就会看到：仅仅几分钟，小青虫们就一一地从龙尾爬了出来。

原因很简单，蝗虫性子太急躁，除了挣扎，它们没想过用嘴巴去咬破长龙，也不知道一直向前可以从另一端爬出来。因而，尽管它有铁钳般的嘴壳和锯齿般的大腿，也无济于事。

命运往往也是如此。许多人走不出人生各个不同阶段或大或小的阴影，并非因为他们天生的个人条件比别人要差多少，而是因为他们没有想到要将阴影的纸龙咬破，也没有耐心慢慢地找准一个方向，一步步地向前，直到眼前出现新的洞天。

人生随时会遇到各种各样的纸龙，你只有突破心中的瓶颈，驱除内心的阴影，才能走出人生的纸龙。

一对靠捡破烂为生的夫妻，每天一早出门，拖着一部破车到处捡拾破铜烂铁，等到太阳下山时才回家。他们回到家的时候，就在门口的院子里摆上一盆水，搬一张凳子把双脚浸在盆中，然后拉弦唱歌，唱到明月正当空，浑身凉爽的时候他们才进房睡觉，日子过得非常逍遥自在。

他们对面住了一位很有钱的富翁，他每天都坐在桌前打算盘，算算哪家的租金还没收，哪家还欠账，每天总是很烦。他看对面的夫妻每天快快乐乐地出门，晚上轻轻松松地唱歌，非常羡慕也非常奇怪，于是问他的伙计说：“为什么我这么有钱却不快乐，而对面那对穷夫妻却会如此的快乐呢？”

伙计听了就问富翁说：“老爷，你想要他们忧愁吗？”

富翁回答道：“我看他们不会忧愁的。”

伙计说：“只要你给我一贯钱，我把钱送到他们家，保证他们明天不会拉弦唱歌。”

富翁说：“给他钱他一定会更快乐，怎么说不会再唱歌了呢？”

伙计说：“你尽管给他钱就是了。”

富翁把钱交给伙计，当伙计把钱送到穷人家时，这对夫妻拿到钱真的很烦恼，那天晚上竟然睡不着觉了。想要把钱放在家中，门又没法关严；要藏在墙壁里面，墙用手一扒就会开；要把它放在枕头下又怕丢掉；要……他们一整晚都为这贯钱操心，一会儿躺上床，一会儿又爬起来，整夜就这样反复折腾，无法成眠。

妻子看着丈夫坐立不安，也被惹烦了，就说：“现在你已经有钱了，你又在烦恼什么呢？”

丈夫说：“有了这些钱，我们该怎样处理呢？把钱放在家中又怕丢了，现在我满脑子都是烦恼。”

隔天一早他把钱带出门，在整条街上绕来绕去，不知道要做什么好，绕到太阳下山，月亮上来了，他又把钱带回家，垂头丧气地不知如何是好。想做小生意不甘愿，要做大生意钱又不够，他向妻子说：“这些钱说少，却也不少；说多，又做不了大生意，真是伤脑筋啊！”

那天晚上富翁站在对面，果然听不到拉弦和唱歌了，因此就到他家去问他们怎么了。这对夫妻说：“员外啊！我看我们把钱还给你好了。我们宁可每天一大早出去捡破烂，也比有了这些钱轻松啊！”这时候富翁突然恍然大悟，原来，有钱不知布施，也是一种负担。

人要想获得快乐和成功，就必须突破自己心中的瓶颈，跳出那种束缚的圈套，才能真正享受自由和快乐的感觉。

恐惧会使你沦为生活的奴隶

任何时候都不要心存恐惧，因为恐惧会遮住你的视线，阻挡你的行程。

恐惧对人的影响至关重要，恐惧使创新精神陷于麻木；恐惧毁灭自信，导致优柔寡断；恐惧使我们动摇，不敢做任何事情；恐惧还使我们怀疑和犹豫，恐惧是能力上的一个大漏洞。而事实上，有许多人把他们一半以上的宝贵精力浪费在毫无益处的恐惧和焦虑上面了。

恐惧虽然阻碍着人们力量的发挥和生活质量的提高，但它并非不可战胜。只要人们能够积极地行动起来，在行动中有意识地纠正自己的恐惧心理，那它就不会再成为我们的威胁。

在《做最好的自己》一书中，李开复讲述了这样一个故事：

20 世纪 70 年代，中国科技大学的“少年班”全国闻名。在当年那些出类拔萃的“神童”里面，就有今天的微软全球副总裁张亚勤。但在当时，全国大多数人都只知道有一个叫宁铂的孩子。20 年过去了，宁铂悄悄地从公众的视野里消失了，而当年并不知名的张亚勤却享誉海内外，这是为什么呢?

张亚勤和宁铂的区别，主要在于他们对待挑战的态度不同。张亚勤在挑战面前勇于进取，不怕失败；而宁铂则因为自己身上寄托了人们太多的期望，反而觉得无法承受，甚至没有勇气去争取自己渴望的东西。

大学毕业后，宁铂在内心里强烈地希望报考研究生，但是他一而再、再而三地放弃了自己的希望。第一次是在报名之后，第二次是在体检之后，第三次则是在走进考场前的那一刻。

张亚勤后来谈到自己的同学时，异常惋惜地说：

“我相信宁铂就是在考研究生这件事情上走错了一步。他如果向前迈一步，走进考场，是一定能够通过考试的，因为他的智商很高，成绩也很优秀，可惜他没有进考场。这不是一个聪明不聪明的问题，而是一念之差的事情。就像我那一年高考，当时我正生病住在医院里，完全可以不去参加高考，可是我就少了一些顾虑，多了一点儿自信和勇气，所以做了一个很简单的选择。而宁铂就是多了一些顾虑，少了一点自信和勇气，做了一个错误的判断，结果智慧不能发挥，真是很可惜。那些敢于去尝试的人一定是聪明人，他们不会输。因为他们会想，‘即使不成功，我也能从中得到教训。’“你看看周围形形色色的人，就会发现：有些人比你更杰出，那不是因为他们得天独厚，事实上你和他们一样优秀。如果你今天的处境与他们不一样，只是因为你的精神状态和他们不一样。在同样一件事情面前，你的想法和反应和他们不一样。他们比你更加自信、更有勇气。仅仅是这一点，就决定了事情的成败以及完全不同的成长之路。”

勇敢的思想和坚定的信念是治疗恐惧的天然药物，勇敢和信心能够中和恐惧，如同在酸溶液里加一点碱，就可以破坏酸的腐蚀力一样。

对此问题，我们不妨多加了解一下。

有一个文艺作家对创作抱着极大野心，期望自己成为大文豪。美梦未成真前，他说：“因为心存恐惧，我是眼看一天过去了，一星期、一年也过去了，仍然不敢轻易下笔。”

另有一位作家说：“我很注意如何使我的心力有技巧、有效率地发挥。在没有一点灵感时，也要坐在书桌前奋笔疾书，像机器一样不停地动笔。不管写出的句子如何杂乱无章，只要手在动就好了，因为手到能带动心到，会慢慢地将文思引出来。”

初学游泳的人，站在高高的水池边要往下跳时，都会心生恐惧。如果壮着胆子，勇敢地跳下去，恐惧感就会慢慢消失，反复练习后，恐惧心理就不复存在了。

倘若一个人总是很神经质地怀着完美主义的想法，进步的速度就会受到限制。如果一个人恐惧时总是这样想：“等到没有恐惧心理时再来跳水吧，我得先把害怕退缩的心态赶走才可以。”这样做的结果往往是把精神全浪费在消除恐惧感上了。

这样做的人一定会失败，为什么呢？人类心生恐惧是自然现象，只有亲身行动，才能将恐惧之心消除。不实际体验，只是坐待恐惧之心离你远去，自然是徒劳无功的事。

在不安、恐惧的心态下仍勇于作为，是克服神经紧张的处方，它能使人在行动之中，渐渐忘却恐惧心理。只要不畏缩，有了初步行动，就能带动第二、第三次的出发，如此一来，心理与行动都会渐渐走上正确的轨道。

恐惧并不可怕，可怕的是你陷入恐惧之中不能自拔。如果你有成功的愿望，那就快点摆脱恐惧的困扰，前进吧！

不要被贫困压倒

人在贫困的处境当中，只要能抱着坚定的信念，努力上进，就能跨越贫困，走向成功。其关键还需要身处贫困环境的你，不要被贫困压倒才行。

有些人生下来就身处贫困之家，有些人生在富贵豪门，这是先天的差距，贫困的孩子必须付出双倍的努力，才能获得成功。这是每一个被贫困困扰着的心灵所不得不面对的现实。

但，我们必须坚信这样一句话："你可以贫困，但不能贫困一生。"人处在贫困的环境之中，更应该奋发上进，努力去追求成功，这样的成功也更弥足珍贵。

美国前总统亨利·威尔逊出生在一个贫苦的家庭，当他还在摇篮里牙牙学语的时候，贫穷就已经冲击着这个家庭了。威尔逊10岁的时候就离开了家，在外面当了11年的学徒工。这其间，他每年只能有一个月时间到学校去接受教育。

在经过11年的艰辛工作之后，他终于得到了一头牛和六只绵羊作为报酬。他把它们换成了84美元。他知道钱来得很难，所以绝不浪费，他从来没有在玩乐上花过一块钱，每个美分都要精打细算才花出去。

在他21岁之前，他已经设法读了1000本书——这对一个农场里的学徒来说，是多么艰巨的任务呀！在离开农场之后，他徒步到150公里之外的马塞诸塞州的内蒂克去学习皮匠手艺。他风尘仆仆地经过了波士顿，在那里他看了邦克希尔纪念碑和其他历史名胜。整个旅行他只花了1美元6美分。

他在度过了21岁生日后的第一个月，就带着一队人马进入了人迹罕至的大森林，在那里采伐原木。威尔逊每天都是在东方刚刚翻起鱼肚白之前起床，然后就一直辛勤地工作到星星出来为止。在一个月夜以继日的辛劳努力之后，他获得了6美元的报酬。

在这样的穷途困境中，威尔逊下定决心，不让任何一个发展自我、提升自我的机会溜走。很少有人像他一样深刻地理解闲暇时光的价值，他像抓住黄金一样紧紧地抓住了零星的时间，不让一分一秒无所作为地从指缝间白白流走。

12年之后，这个从小在穷困中长大的孩子在政界脱颖而出，进入了国会，开始了他的政治生涯。

出身贫困并不可怕，只要像威尔逊那样面对困境不抱怨、不低头，勤奋自强，就能获得成功。很多在贫困中长大的人往往自甘堕落，他们认为自己此生命该如此，再怎么奋斗也是徒劳，于是只能一生受穷，惶惶度日，更有一些人因心理极端不平衡而走上犯罪之路。

生命的贫富从某种意义上来说只能由你自己来决定，身处贫困若能不被贫困所累，奋发向上，积极奋斗，照样可以有一个富足的人生；相反，如果自甘堕落，即使生在富豪之家，也可能在中年以后坠入贫困之中。

能不能突破贫困的瓶颈，关键还要看你自己。

常识有时比理论更重要

人不能太迷信理论知识，理论也不是万能的，有的时候常识比理论更符合现实。

歌德说的好，理论是灰色的，只有生命和生活才是常青的！正确的理论在生活中非常重要，因为它能指导人们客观地认识一些未知的事物，但很多时候常识比理论重要得多。如果你不注重常识，便有可能钻进“理论”的怪圈而无法自拔。

某理论家对任何事情都能讲出一番大道理来。

一位小孩问他：“先生，你具有丰富的知识，我想请教你一个问题。”

“说吧。”理论家很爽快，似乎对一切事情了如指掌。

“我们人类为什么只用嘴巴而不用鼻子吃饭呢？”

“这……”理论家一时语塞，他没想到小孩会问这么个简单的问题。

吃饭的时候，理论家忽然想起小孩的问题，他停下手中的筷子，对着镜子照照鼻子又看看嘴巴。他始终弄不明白，人为什么只用嘴而不用鼻子吃饭的问题。

理论家饭也没吃，埋头开始研究起来，他决意找到解决这个问题的理论来，从而不让一个七岁小孩耻笑。

其实，就因为他不明白这是一个常识问题，所以他一辈子都要被七岁的小孩耻笑。

“尽信书，则不如无书。”人不能太迷信理论知识，理论也不是万能的，有的时候常识比理论更符合现实。

不要做一名精神贫穷的人

一个人物质上贫穷并不可怕，只要他愿意奋斗，终究会改变现状；如果一个人的精神贫穷，那就无药可救了。无论如何，都不要做一名心理贫穷的人。

当你的现状很糟糕，经济状况陷入麻烦的时候，你不必着急，只要你的精神是富有的，只要你努力奋斗，你很快就会改变现状；如果你的精神很贫穷，即使你现在物质上很富有，你也是一个可悲的人，你的生活也绝不会一帆风顺。

我们先来看看这样一个故事：

某大学一贫困女生，在校园网站贴出“活着真没意思”的帖子，引起轰动。帖子上说，因为家里贫困，为了赚一点儿生活费，她必须经常坐几个小时的车去做家教；因为没钱，她买不起新衣服；也是因为贫穷，她不能谈恋爱。所以，活着真没意思，特别是与那些家庭富裕的学生相比。看到这样的新闻，第一感觉就是这位女大学生不但物质上贫穷，而且精神上贫穷。固然，一个人生活贫困是由很多社会原因造成的，这些社会原因可能让贫困者不停抱怨，发泄对社会的不满。可是，对精神富裕者来说，对现实的不满，正是不断前进的动力。而发出“活着没意思”的感慨，是心理贫困者被困难所击倒的表现。

活着没意思，可能有两种含义。一种可能是，认为现实贫富差距巨大，一时难以改变，而贫者得到的往往是人们的鄙视和怜悯，所以，活着没意思。另一种可能是，因为贫穷，而很多欲望，特别是物质上的欲望难以满足，从而，活着真没意思。如果是前一种，说明她心理脆弱，不习惯别人的鄙视和怜悯的眼光。另外，对改变这种现状没有信心，或者对自己没有信心，或者对别人没有信心。如果是后一种，说明她已陷入到物质享受的漩涡中，或者自己曾享受，因为贫穷而不能为继，或者羡慕别人的享受。不管是哪种，从她的内心来看，都是极度贫困的。她没有抵御外界诱惑的意志，没有认清外部现实的能力，没有抗拒外部压力的动力。

如果一个人精神上贫穷，说明生活已失去了意义和动力，要改变现状就很难了。一个人既物质贫穷，又精神贫穷，是最可怕的事情，不但对其自身来说是可怕的，对别人来说也是可怕的。

世上没有绝对的完美

偏执地追寻世间完美的生活，希望事事都尽如人意，最终只能在寻觅中迷失自我。

人生不可能事事都如意，也不可能事事都完美。追求完美固然是一种积极的人生态度，但如果过分追求完美，而又达不到完美，就必然会产生浮躁心理。过分追求完美不但往往得不偿失，反而会变得毫无完美可言。

在古时候，有户人家有两个儿子。当两兄弟都成年以后，他们的父亲把他们叫到面前说：“在群山深处有绝世美玉，你们都成年了，应该做探险家，去寻求那绝世之宝，找不到就不要回来。”

两兄弟次日就离家出发去了山中。

大哥是一个注重实际、不好高骛远的人。有时候，发现的是一块有残缺的玉，或者是一块成色一般的玉甚至是奇异的石头，他都统统装进行囊。过了几年，到了他和弟弟约定的会合回家的时间。此时他的行囊已经满满的了，尽管没有父亲所说的绝世美玉，但造型各异、成色不等的众多玉石，在他看来也可以令父亲满意了。

后来弟弟来了，两手空空一无所得。弟弟说：“你这些东西都不过是一般的珍宝，不是父亲要我们找的绝世珍品，拿回去父亲也不会满意的。”

弟弟接着说：“我不回去，父亲说过，找不到绝世之宝就不能回家，我要继续去更远更险的山中探寻，我一定要找到绝世美玉。”

哥哥带着他的那些东西回到了家中。父亲说：“你可以开一个玉石馆或一个奇石馆，那些玉石稍一加工，都是稀世之品，那些奇石也是一笔巨大的财富。”

短短几年，哥哥的玉石馆已经享誉八方，他寻找的玉石中，有一块经过加工成为不可多得的美玉，被国王御用作了传国玉玺，哥哥因此也成了巨富大贾。

在哥哥回来的时候，父亲听了他介绍弟弟探宝的经历后说：“你弟弟不会回来了，他是一个不合格的探险家，他如果幸运，能中途所悟，明白至美是不存在的这个道理，是他的福气。如果他不能早悟，便只能以付出一生为代价了。”

很多年以后，父亲重病已经奄奄一息，哥哥对父亲说要派人去把弟弟找回来。

父亲说，不要去找，如果经过了这么长的时间都不能顿悟，这样的人即便回来又能做成什么事情呢？世间没有纯美的玉，没有完美的人，没有绝对的事物，为追求这种东西而耗费生命的人，何其愚蠢啊！

追求完美，是人类自身在不断的成长过程中的一种心理特点或者说一种天性。应该说，这没有什么不好。人类正是在这种追求中，不断完善着自己，使得自身脱去了以树叶遮羞的衣服，变得越来越漂亮，成为这个世界万物之精灵。如果人只满足于现状，而失去了这种追求，那么人大概现在还只能在森林中爬行。

但是，世界上根本就不存在任何一个完美的事物。为了心中的一个梦而偏执地去追求，却全然不顾你的梦是否现实，是否可行，从而浪费掉许许多多的时间和精力，最终只能在光阴蹉跎中悔恨。世界并不完美，人生当有不足。没有遗憾的过去无法链接人生。对于每个人来讲，不完美的生活是客观存在的，无需怨天尤人。不要再继续偏执了吧，给自己的心留一条退路，生活会更美好。

第五节 失败往往是成功的开始

在失败的河流中泅渡

失败就像一条河，只有不怕河中的滔天巨浪，不怕在渡河中淹死，才可能游到成功的彼岸。人们常赞美游到彼岸的成功英雄，却容易忘记在失败的大河中泅渡的必要性。

在人生的旅途上，我们必须以乐观的态度来面对失败，因为在人生之路上，一帆风顺者少，曲折坎坷者多，成功是由无数次失败构成的。

尽管我们说“失败乃成功之母”，许多道理都是成败对举，但着眼都是成功，讲得更多的是成功，甚至整部“成功学”关注更多的也是成功。然而，从一种过程而言，从一种思维方式、一种实事求是的态度而言，充分地关注失败更有意义。

就英雄而言，许多杰出的人物，许多名垂青史的成功者，并不是得益于旗开得胜的顺畅、马到成功的得意，反而是失败造就了他们。这正如孟老夫子所说：“天将降大任于斯人也，必先苦其心志，劳其筋骨，饿其体肤，空乏其身，行拂乱其所为，所以动心忍性，增益其所不能。”孟子说的这番话，重点就是：一个人要有所成，有所大成，就必须忍受失败的折磨，在失败中锻炼自己，丰富自己，完善自己，使自己更强大、更稳健。这样，才可以水到渠成地走向成功。

的确，天无绝人之路，上天总会给有心人一个反败为胜的机会。

错误往往是成功的开始

错误既然已经发生了，就不要再斤斤计较错误的过程，你需要做的就是从错误中找到成功的契机，继续前进。

曾经有人做过了分析后指出，成功者成功的原因，其中一条很重要就是“随时矫正自己的错误”。

一位老农场主把他的农场交给一位外号叫“错错”的雇工管理。

农场里有位堆草高手心里很不服气，因为他从来都没有把“错错”放在眼里过。他想，全农场哪个能够像我那样，一举挑杆子，草垛便像中了魔似的不偏不倚地落到了预想的位置上？回想“错错”刚进农场那会儿，连杆子都拿不稳，掉得满地都是草，有的甚至还砸在自己的头上，非常搞笑。等他学会了堆草垛，又去学割草，留下歪歪斜斜、高高低低的一片；别人睡觉了，他半夜里去了马房，观察一匹病马，说是要学学怎样给马治病。为了这些古怪的念头，“错错”出尽了洋相，不然怎么叫他“错错”呢？

老农场主知道堆草高手的心思，邀请他到家里喝茶聊天。“你可爱的宝宝还好吗？平时都由他们的妈妈照顾吧？”高手点点头，看得出来他很喜欢他的孩子。老人又说：“如果孩子的妈妈有事离开，孩子又哭又闹怎么办呢？”“当然得由我来管他们啦。孩子刚出生那阵子真是手忙脚乱哩，不过现在好多了。”高手说。

老人叹了一口气，说：“当父母可不易啊。随着孩子的渐渐长大，你需要考虑的事情还很多很多，不管你愿意不愿意，因为你是父亲。对我来说，这个农场也就是我的孩子，早年我也是什么都不懂，但我可以学，也经过了很多次的失败，就像‘错错’那样，经常遭到别人的嘲笑。”

话说到这个节骨眼上，高手似乎领会了老人的用意，神情中露出愧色。

“优胜劣汰”成为一种必然。但现在人们开始认同另一种说法：成功，就是无数个“错误”的堆积。

错误是这个世界的一部分，与错误共生是人类不得不面对的现实。

但错误并不总是坏事，从错误中汲取经验教训，再一步步走向成功的例子也比比皆是。

因此，当出现错误时，我们应该像有创造力的思考者一样了解错误的潜在价值，然后把这个错误当作垫脚石，从而产生新的创意。事实上，人类的发明史、发现史上到处充满了错误假设和失败观念。哥伦布以为他发现了一条通往印度的捷径；开普勒偶然间得到行星间引力的概念，他这个正确假设正是从错误中得到的；爱迪生认为失败让他知道了上万种不能制造电灯泡的方法。

错误还有一个好用途，它能告诉我们什么时候该转变方向。比如你现在可能不会想到你的膝盖，因为你的膝盖是好的。假如你折断一条腿，你就会立刻注意到你以前能做且认为理所当然的事，现在都没法做了。假如我们每次都对，那么我们就不需要改变方向，只要继续沿着目前的方向前进，直到结束。也许我们就永远没有尝试另一条道路的机会。

不要被困难吓倒

每个人心中都应有两盏灯光，一盏是希望的灯光；一盏是勇气的灯光。有了这两盏灯光，我们就不怕海上的黑暗和波涛的险恶了。

如果你要选择成功，那么，你同时要选择坚强。因为一次成功总是伴随着许多失败，而这些失败从不怜惜弱者。没有铁一般的意志，你就不会看到成功的曙光。生活告诉我们，怯懦者往往被灾难打垮、吓退，坚强者则大步向前。

据说有一个英国人，生来就没有手和脚，竟能如常人一般生活。有一个人因为好奇，特地拜访他，看他怎样行动，怎样吃东西。那个英国人睿智的思想、动人的谈吐，使那个客人十分惊异，甚至完全忘掉了他是个残疾人了。

巴尔扎克曾说过：“挫折和不幸是人的晋身之阶。”悲惨的事情和痛苦的境况是一所培养成功者的学校，它可以使人神志清醒，遇事慎重，改变举止轻浮、冒失逞能的恶习。上天之所以将如此之多的苦难降临到世上，就是想让苦难成为智慧的训练场、耐力的磨炼所、桂冠的代价和荣耀的通道。

所以，苦难是人生的试金石。要想取得巨大的成功，就要先懂得承受苦难。在你承受得住无数的苦难相加的重量之后，才能承受成功的重量。

当你碰到困难时，不要把它想象成不可克服的障碍。因为，在这个世界上没有任何困难是不可克服的，只要你敢于扼住命运的咽喉。贝多芬 28 岁便失去了听觉，耳朵聋到听不见一个音节的程度，但他为世界留下了雄壮的《第九交响曲》。托马斯·爱迪生是聋子，他要听到自己发明的留声机唱片的声音，只能用牙齿咬住留声机盒子的边缘，使头盖骨骨头受到震动而感觉到声响。不屈不挠的美国科学家弗罗斯特教授奋斗 25 年，硬是用数学方法推算出太空星群以及银河系的活动变化。他是个盲人，看不见他热爱了终生的天空。塞缪尔·约翰生的视力衰弱，但他顽强地编纂了全世界第一本真正伟大的《英语词典》。达尔文被病魔缠身 40 年，可是他从未间断过改变了整个世界观念的科学预想的探索。爱默生一生多病，但是他留下了美国文学史上最经典的诗文集。

如果上帝已经开始用苦难磨砺你，那么，能否通过这次考验，就看你是不是能扼住命运的咽喉，走出一条绚丽的人生之路了。

与苦难搏击，会激发你身上无穷的潜力，锻炼你的胆识，磨炼你的意志。也许，身处苦难之时，你会倍感痛苦与无奈，但当你走过困苦之后，你会更加深刻地明白：正是那份苦难给了你人格上的成熟和伟岸，给了你面对一切无所畏惧的勇气。

苦难，在不屈的人们面前会化成一种礼物，这份珍贵的礼物会成为真正滋润你生命的甘泉，让你在人生的任何时刻，都不会轻易被击倒！

挫折是强者的起点

挫折是弱者的绊脚石，却是强者成功的起点。要想成功，就必须做生命的强者。

连遭厄运的人应当牢记：不论在生活中碰到怎样的厄运，都不意味着你命里注定永无出头之日。只要你顺势而为，运气时时都会光临，不间断地连遭厄运毕竟比较少见。生活中的机遇并非一成不变地向我们走来，它们像脉冲一样有起有伏，有得有失。每当人们坐在一起相互安慰时总是说黑暗过后必有黎明，这才是隐匿在生活中的真谛。一个生命的强者，会把各种挫折和厄运当作另一个起点。

生活一次又一次表明，只要一个人全力以赴、奋斗不息，与背运的屠刀拼死相搏，时运终究会逆转，他终究会抵达安全的彼岸。莎士比亚说："与其责难机遇，不如责难自己。"这就是人生的基本课程。我们只要仔细回顾一下生活中坏运变为好运的大量实例，就会发现，挫折和厄运仅仅是强者成功的起点罢了。

在某个地方有一家很大的农户，其户主被称为耶路撒冷附近最慈善的农夫。每年拉比都会到他家访问，而每次他都毫不吝惜地捐献财物。

这个农夫经营着一块很大的农田。可是有一年，先是受到风暴的袭击，整个果园被破坏了。随后，又遇上一阵传染病，他饲养的牛、羊、马全部死光了。债主们蜂拥而至，把他所有的财产扣押了起来。最后，他只剩下一块小小的土地。

这位农夫的太太却对丈夫说："我们时常为教师建造学校，维持教堂，为穷人和老人捐献钱，今年拿不出钱来捐献，实在遗憾。"

夫妇俩觉得让拉比们空跑一趟，于心不安，便决定把最后剩下的那块地卖掉一半，捐献给拉比们。拉比们非常惊讶，在这样的状况下，还能收到他们的捐款。

有一天，农夫在剩下的半块土地上犁地，耕牛突然滑倒了，他手忙脚乱地扶起耕牛时，却在牛脚下挖出个宝物。他把宝物卖了之后，又可以和过去一样经营果园农田了。

第二年，拉比们再次来到这里，他们以为这个农夫还和以前一样贫穷，所以又找到这块地上来。附近的人告诉他们："他已经不住在这里了，前面那所高大的房子，就是他的家。"

拉比们走进大房子，农夫向他们说明了自己在这一年所发生的事，并总结道：只要不惧怕困难，并保持感恩的心，必定会赢得一切的。

这位农夫的经历告诉我们，面对挫折，绝不能害怕、胆怯。去做那些你害怕的事情，害怕自然会消失。狼如果因为遭遇过挫折而胆怯害怕，这个种群就不可能继续生存下去。

人生如行船，有顺风顺水的时候，自然也有逆风大浪的时候。这就要看掌舵的船夫是不是高明了，高明的船夫会巧妙地利用逆风，将逆风也作为行船的动力。

人生、事业的发展也一样。如果你能始终以一种积极的心态去对待你人生中可能遇到的"逆风大浪"，并对其加以合理的利用，将被动转化为主动，那么，你就是人生征途上高明的舵手。

从失败中获取经验

不要被失败所困，花点时间找出失败的原因，并从中汲取教训，你将离最终的成功更近了一步。

所有的人都会有失败的时候，重要的是当你犯了错误的时候，是否会及时承认错误并且想办法去弥补它。

不要被失败所困，花点儿时间找出失败的原因，并从中汲取教训。如果你不能摆脱失败的阴影，那么你将会裹足不前。

一件事情上的失败绝不意味着你的整个人生都是失败的，失败只是暂时的受挫，不要把它当成生死攸关的问题。永远保持积极的心态，你将离成功更近。

相传康熙年间，安徽青年王致和赴京应试落第后，决定留在京城，一边继续攻读，一边学做豆腐以谋生。可是，他毕竟是个年轻的读书人，没有做生意的经验。夏季的一天，他所做的豆腐剩下不少，只好用小缸把豆腐切块腌好。但日子一长，他竟忘了有这缸豆腐，等到秋凉时想起来了，但腌豆腐已经变成了“臭豆腐”。王致和十分恼火，正欲把这“臭气熏天”的豆腐扔掉时，转而一想，虽然臭了，但自己总还可以留着吃吧。于是，就忍着臭味吃了起来，然而，奇怪的是，臭豆腐闻起来虽有股臭味，吃起来却非常香。于是，王致和便拿着自己的臭豆腐去给自己的朋友吃。好说歹说，别人才同意尝一口，没想到，所有人在捂着鼻子尝了以后，都赞不绝口，一致公认此豆腐美味可口。王致和借助这一错误，改行专门做臭豆腐，生意越做越大，而影响也越来越广，最后，连慈禧太后也慕名前来尝一尝美味的臭豆腐，对其大为赞赏。

从此，王致和臭豆腐身价倍增，还被列入御膳菜谱。直到今天，许多外国友人到了北京，都还点名要品尝这所谓“中国一绝”的王致和臭豆腐。

因为腌豆腐变臭这次失败，改变了王致和的一生。

所以在人生路上，遇到失败时我们要学会转个弯，把它作为一个积极的转折点，选择新的目标或探求新的方法，把失败作为成功的新起点。

成功者与失败者最大的不同，就在于前者珍惜失败的经验，他们善于从失败中吸取教训，寻找新的方法，反败为胜，获得更大的胜利；而后者一旦遭遇失败的打击就坠入痛苦的深渊中不能自拔，每天闷闷不乐，自怨自艾，直至自我毁灭。

学会从失败中获取经验，你就会获得最后的成功。

把失败当作一块踏脚石

人不能被失败打倒，相反，人要将失败踩在脚下，把失败当作自己走向成功之路的踏脚石。

美国舌战大师丹诺在他的自传里曾写过这样一句话：“一个人要做一番非凡的事业，就不应该贪图眼前的享受，应具备不折不挠的意志，并且坚信总会有苦尽甘来的成功之日。”

要想实现自己的人生价值，每个人都不可避免地会遭遇各种各样的失败。在面临失败时，人绝不能被失败打倒，相反，人要将失败踩在脚下，把失败当作自己走向成功之路的踏脚石。

“成功只属于生活的强者！”而要做生活的强者，获得事业上的成功，必须战胜人生道路上的艰难险阻，克服各种各样的挫折与失败。

人的一生绝不可能是一帆风顺的，有成功的喜悦，也有扰人的烦恼；会经历一马平川的坦途，更有布满荆棘的坎坷与险阻。在挫折和磨难面前，畏缩不前的是懦夫，奋而前行的是勇者，攻而克之的是英雄。唯有与挫折作不懈抗争的人，才有希望看见成功女神高擎着的橄榄枝。

挫折是一片惊涛骇浪的大海，你可能会在那里锻炼胆识，磨炼意志，获取宝藏;也有可能因胆怯而后退，甚至被吞没。鲁迅说："伟大的心胸，应该表现出这样的气概——用笑脸来迎接厄运。"

把失败看得轻一些、低一些，当作一块踏脚石，你以后就会走得更高、看得更远。

第三章

感谢职场中折磨你的人

第一节 “蘑菇经历”是一笔宝贵的人生财富

“蘑菇经历”是一笔宝贵的人生财富

人不可能一出生就在聚光灯下成长，很多成功人士都有一段蛰伏地下的艰难岁月，正像蘑菇一样，那段岁月对成功者而言是一笔宝贵的财富。

蘑菇长在阴暗的角落，得不到阳光，也没有肥料，只有长到足够高的时候才开始被人关注，可此时它自己已经能够接受阳光了。“蘑菇定律”就是据此而来，是大多数组织对待初入门者、初学者的一种管理原则。据说，它是20世纪70年代由一批年轻的电脑程序员“编写”的（这些天马行空、独往独来的人早已习惯了人们的误解和漠视，所以在这条“原则”中，自嘲和自豪兼而有之）。该原则的大意是：初学者一般像蘑菇一样被置于阴暗的角落（不受重视的部门，或打杂跑腿的工作），头上浇着大粪（无端的批评、指责、代人受过），只能自生自灭（得不到必要的指导和提携）。

如果你刚进入社会不久，或仍对那个时期记忆犹新，相信这一条“蘑菇管理原则”一定会让你发出会心而苦涩的一笑。的确，绝大多数初出茅庐的年轻人都有过一段“蘑菇”经历，总之，那是一段很不愉快的日子。

“蘑菇经历”是事业上最为漫长的磨炼，也是最痛苦的磨炼之一，它对人生价值的体现起到至关重要的作用。经过这个阶段的磨炼，你就会熟练地掌握当前从事工种的操作技能，提升一些为人处世的能力，以及培养挑战挫折、失败的意志，这也是最重要的。诸多能力的具备，为你将来职业的顺利发展铺平了道路。

从这个意义上来说，“蘑菇经历”是人生的一笔宝贵财富，只有经受这个阶段的磨炼，你才能深刻地领悟这句话的含意。

但是，不愉快的事情并不是生命中的厄运。从某种意义上讲，让自己做上一段时间的“蘑菇”，可以消除自我不切实际的幻想，从而使自己更加接近现实，更实际、更理性地思考问题和处理问题，对人的意志和耐力的培养有促进作用。但用发展的眼光来看，“蘑菇管理”有着先天的不足：一是太慢，还没等它长高长大，恐怕疯长的野草就已经把它盖住了，使它没有成长的机会；二是缺乏主动，有些本来基因较好的“蘑菇”，一钻出土就碰上了石头，因为得不到帮助，结果胎死腹中。如何让他们成功地走过生命中的这一段，尽快吸取经验、成熟起来，这是我们所应当考虑的问题。

因此，如果你现在感到自己被埋没而没有出人头地，那你一定不要悲哀，把这段“蘑菇经历”当作人生的一笔宝贵财富来珍藏，对你的一生都大有裨益。

人生总是从寂寞开始

每个想要突破困境的人首先都需要耐得住寂寞，只有在寂寞中才能催生一个人的成长。

曾有人在谈及寂寞降临的体验时说：“寂寞来的时候，人就仿佛被抛进一个无底的黑洞，任你怎么挣扎呼号，回答你的，只有狰狞的空间。”的确，在追寻事业成功的路上，寂寞给人的精神煎熬是十分痛苦的。想在事业上有所成就，自然不能像看电影、听故事那么轻松，必须得苦修苦练，必须得耐疑难、耐深奥、耐无趣、耐寂寞，而且要抵得住形形色色的诱惑。能耐得住寂寞是基本功，是最起码的心理素质。耐得住寂寞，才能不赶时髦，不受诱惑，才不会浅尝辄止，才能集中精力潜心于所从事的工作。耐得住寂寞的人，等到事业有成时，大家自然会投来钦佩的目光，这时就不寂寞了。而有着远大志向却耐不住寂寞，成天追求热闹，终日浸泡在欢乐场中，一混到老，最后什么成绩也没有的人，那就将真正寂寞了。其实，寂寞不是一片阴霾，寂寞也可以变成一缕阳光。只要你勇敢地接受寂寞，拥抱寂寞，以平和的爱心关爱寂寞，你会发现：寂寞并不可怕，可怕的是你对寂寞的惧怕；寂寞也不烦闷，烦闷的是你自己内心的空虚。

曾获得奥斯卡最佳导演奖的华人导演李安，在去美国念电影学院时已经26岁，遭到父亲的强烈反对。父亲告诉他：纽约百老汇每年有几万人去争几个角色，电影这条路走不通的。李安毕业后，7年，整整7年，他都没有工作，在家做饭带小孩。有一段时间，他的岳父岳母看他整天无所事事，就委婉地告诉女儿，也就是李安的妻子，准备资助李安一笔钱，让他开个餐馆。李安自知不能再这样拖下去，但也不愿拿丈母娘家的资助，决定去社区大学上计算机课，从头学起，争取可以找到一份安稳的工作。李安瞒着老婆硬着头皮去社区大学报名，一天下午，他的太太发现了他的计算机课程表。他的太太顺手就把这个课程表撕掉了，并跟他说：“安，你一定要坚持自己的理想。”

因为这句话，这样一位明理聪慧的老婆，李安最后没有去学计算机，如果当时他去了，多年后就不会有一个华人站在奥斯卡的舞台上领那个很有分量的大奖。

李安的故事告诉我们，我们的一生应该做自己最喜欢最爱的事，而且要坚持到底，把自己喜欢的事发挥得淋漓尽致，必将走向成功。

如果你真正最爱是文学，那就不要为了父母、朋友的劝诫而去经商；如果你真正最爱是旅行，那就不要为了稳定选择一个一天到晚坐在电脑前的工作。

你的生命是有限的，但你的人生却是无限精彩的。也许你会成为下一个李安。

但你需要耐得住寂寞，7 年，你等得了吗？很有可能会更久，你等得到那天的到来吗？别人都离开了，你还会在原地继续等待吗？

一个人想成功，一定要经过一段艰苦的过程。任何想在春花秋月中轻松获得成功的人距离成功遥不可及。这寂寞的过程正是你积蓄力量，开花前奋力地汲取营养的过程。如果你耐不住寂寞，成功永远不会降临于你。

以高标准要求自己

人永远都不能满足于现状，你只有不断砸烂差的，才能创造更好的，才能无限地接近完美。

成功的人往往都是一些不那么“安分守己”的人，他们绝对不会因取得一些小小的成绩而沾沾自喜，眼前那点小成就会阻碍你继续前行的脚步。因此，只有砸烂差的，才能创造更好的。

一位雕塑家有一个 12 岁的儿子。儿子要爸爸给他做几件玩具，雕塑家只是慈祥地笑笑，说：“你自己不能动手试试吗？”

为了制好自己的玩具，孩子开始注意父亲的工作，常常站在大台边观看父亲运用各种工具，然后模仿着运用于玩具制作。父亲也从来不向他讲解什么，放任自流。

一年后，孩子好像初步掌握了一些制作方法，玩具造得颇像个样子。这样，父亲偶尔会指点一二。但孩子脾气倔，从来不将父亲的话当回事，我行我素，自得其乐。父亲也不生气。

又一年，孩子的技艺显著提高，可以随心所欲地摆弄出各种人和动物形状。孩子常常将自己的“杰作”展示给别人看，引来诸多夸赞。但雕塑家总是淡淡地笑，并不在乎似的。

忽然有一天，孩子存放在工作室的玩具全部不翼而飞，他十分惊疑！父亲说：“昨夜可能有小偷来过。”孩子没办法，只得重新制作。

半年后，工作室再次被盗！又半年，工作室又失窃了。孩子有些怀疑是父亲在捣鬼：为什么从不见父亲为失窃而吃惊、防范呢？

偶然的一个夜晚，儿子夜里没睡着，见工作室灯亮着，便溜到窗边窥视：父亲背着手，在雕塑作品前踱步、观看。好一会儿，父亲仿佛作出某种决定，一转身，拾起斧子，将自己大部分作品打得稀巴烂！接着，将这些碎土块堆到一起，放上水重新和成泥巴。孩子疑惑地站在窗外。这时，他又看见父亲走到他的那批小玩具前，只见父亲拿起每件玩具端详片刻，然后，父亲将儿子所有的自制玩具扔到泥堆里搅和起来！当父亲回头的时候，儿子已站在他身后，瞪着愤怒的眼睛。父亲有些羞愧，温和地抚摸儿子的脸蛋，吞吞吐吐道：“我……是……哦，是因为……只有砸烂较差的，我们才能创造更好的。”

10年之后，父亲和儿子的作品多次同获国内外大奖。

父亲不愧是位雕塑家，他不但深谙雕塑艺术品，更懂得雕塑儿子的“灵魂”。

每一个渴望出人头地的人都必须谨记：只有不断砸烂较差的，你才能完全没有包袱，创造出更好的，走上成功的殿堂。

不要让自己成为“破窗”

人都要准确地把握自己的人生行程，无论何时，都要记住，你千万不要让自己成为那扇“破窗”，否则，最先被淘汰出局的就是你。

美国斯坦福大学心理学家詹巴斗曾做过这样一项实验：他找来两辆一模一样的汽车，一辆停在比较杂乱的街区，一辆停在中产阶级社区。他把停在杂乱街区的那辆车的车牌摘掉，顶棚打开，结果一天之内就被人偷走了，而摆在中产阶级社区的那一辆过了一个星期仍安然无恙。后来，詹巴斗用锤子把这辆车的玻璃敲了个大洞，结果，仅仅过了几个小时，它就不见了。

以这项试验为基础，政治学家威尔逊和犯罪学家凯琳瑟提出了“破窗理论”：如果有人打破了一个建筑物的窗户玻璃，而这扇窗户又得不到及时的维修，别人就可能受到某些暗示性的纵容去打烂更多的窗户玻璃。久而久之，这些破窗户就给人造成一种无序的感觉。结果在这种公众麻木不仁的氛围中，就会滋生犯罪。“破窗理论”给我们的启示是：必须及时修好“第一扇被打碎的窗户玻璃”。

因此，若你成为那扇破窗，那么最先被淘汰出局的人就是你。

美国有一家以极少辞退员工著称的公司。一天，资深熟练车工杰克为了赶在中午休息之前完成三分之二的零件，在切割台上工作了一会儿之后，他就把切割刀前的防护挡板卸下放在一旁，没有防护挡板安放收取加工零件会更方便更快捷一点儿。大约过了一个多小时，杰克的举动被无意间走进车间巡视的主管逮了个正着。主管雷霆大怒，除了让杰克立即将防护板装上之外，又站在那里大声训斥了半天，并声称要作废杰克加工一整天的零件。

事到此时，杰克以为也就结束了。没想到，第二天一上班，有人通知杰克去见老板。在那间杰克受过好多次鼓励和表彰的总裁室，杰克听到了要将他辞退的处罚通知。总裁说："身为老员工，你应该比任何人都明白安全对公司意味着什么。你今天少完成了零件，少实现了利润，公司可以换个人、换个时间把它们补起来，可你一旦发生事故失去健康乃至生命，那是公司永远都补偿不起的……"

离开公司那天，杰克流泪了，工作的几年时间里，杰克有过风光，也有过不尽如人意的地方，但公司从没有人说他不行。可这一次不同，杰克知道，他这次触及了公司"底线"。

这个小小的故事向我们提出这样一个警告：一些影响深远的"小过错"通常能产生无法估量的危害，没能及时修好自己"打碎的窗户玻璃"也许会毁了自己的职业生涯。所以，任何一个人，一定要避免让自己成为一扇"破窗"。

耐心地做你现在要做的事

每个人都会有一段蛰伏的经历，在为成功而默默奋斗。这个时期，你需要的不是浮躁和怨天尤人，而是耐心地做好你现在要做的事。

每个夏天，我们都能听到在高树繁叶之中蝉的清脆鸣叫，它们有透明的羽翼，在风中鸣叫很让人惬意。殊不知这些蝉一生中绝大部分岁月是在土中度过的，只是到生命的最后两三个月才破土而出。

人的生命历程其实也是这样，每一个希冀成功的人，也必须有长时间蛰伏地下的经历，好好磨炼自己，好好培养自己。

在一个学习班里，同学们讨论的主题是，一个人应当如何把他的热情投入到工作中去。这时一位年轻的妇女在教室后面举起手，她站起来说道：

“我是和我的丈夫一起到这里来的。我想如果一个男人把全部热情投入到工作中去也许是对的，但是对于一个家庭主妇说来却没有益处。你们男子每天都有有趣的新任务要做，但是家务劳动就无法相比了，做家务劳动的烦恼是单调乏味，令人厌烦。”

其实有许多人在做这种“单调乏味”的工作。如果我们能找到一种方法帮助这位少妇，也许我们就能帮助许多自认为自己的工作是单调乏味的人。

教师问她什么东西使得她的工作如此的“单调乏味”。她回答说：“我刚刚铺好床，床就马上被弄乱了；刚刚洗好碗碟，碗碟就马上被用脏了；刚刚擦干净了地板，地板就马上被弄得泥污一片。”她说，“你刚刚把这些事做好，这些事马上就会被人弄得像是未曾做过一样。”

教师说：“这真是令人扫兴。有没有妇女喜欢做家务劳动？”她说：“啊，有的，我想是有的。”

“她们在家务劳动中发现什么使得她们感到有趣、保持热情的东西没有呢？”

少妇思考了片刻回答道：“也许在于她们的态度。她们似乎并不认为她们的工作是禁锢，而似乎看见了超越日常工作的什么东西。”

这就是问题的症结。工作满意的秘密之一就是能“看到超越日常工作的东西”，要知道你的工作是会取得成果的，这句话是对的。无论你是家庭主妇、秘书、加油站的操作员，或者大公司的总经理，只要你把日常琐事看做是前进的踏脚石，你就会从中找到令人满意的地方。

作为一名没有成功的蛰伏者，你必须调节好你的心态，要在日常工作中“看到超越日常工作的东西”，耐心地做好你现在要做的事，脚踏实地前进。终有一天，成功会降临到你头上。

第二节　感谢在工作中折磨你的人

工作中的折磨使你不断超越自我

很多人都埋怨自己工作辛苦，埋怨老板和上司对自己的折磨，殊不知，唯有折磨才能使你不断超越自我、不断进步。

一个人不但要接受他所希望发生的事情，而且还要学会接受他所不希望发生的事情。要适应现实，接受任何不可改变的事实，心平气和，以平常心面对周围所发生的一切，而不是唉声叹气，自寻烦恼，更不要企求社会来适应你，奢望世界为你一人而改变，这是不可能实现的空想。在困难面前，如果你能承受折磨，你将会赢得长足发展；如果你不能忍受，那么等待你的也许就是被社会淘汰。

某高校计算机系一男生，毕业后如愿进了一个颇有名气的软件开发公司，本以为可以用上往日在学校里学习积累起来的编程技术，在公司一展身手，出人头地。可没想到就在他工作3个月后，上司竟突然让他负责计算机病毒的防治工作，这与他在学校里所关注和学习的内容有很大的差别。开始，他不禁产生了消极情绪，怎么办呢？经过沉思后，他想通了，只有面对现实，于是又拿起了病毒方面的书籍，开始学习新的知识来适应现在的环境。渐渐地，他竟然喜欢上了反病毒这个行业，而且很快就开发了一个全新的反病毒软件，给公司带来了可观的收入。

当我们面对不如意的事情时，当我们面对现实和理想的冲突时，唯有面对现实，适应现实，克服困难，奋发图强，才可做一个勇往直前的成功者。

如果我们没能学会面对、适应现实，而是逃避现实的话，我们将因经不起考验而被现实所淘汰，成功也将与我们擦肩而过。

一位年轻人毕业后被分配到某研究所，终日做些整理资料的工作，时间一久，觉得这样的工作索然寡味。恰好机会来了，一个海上油田钻井队来他们研究所要人，到海上工作是他从小就有的梦想。领导也觉得他这样的专业人才待在研究所光整理资料太可惜，所以批准他去海上油田钻井队工作。在海上工作的第一天，领班要求他在限定的时间内登上几十米高的钻井架，把一个包装好的漂亮盒子送到最顶层的主管手里。他拿着盒子快步登上高高的、狭窄的舷梯，气喘吁吁、满头是汗地登上顶层，把盒子交给主管。主管只在上面签下自己的名字，就让他送回去。他又快跑下舷梯，把盒子交给领班，领班也同样在上面签下自己的名字，让他再送给主管。

他看了看领班，犹豫了一下，又转身登上舷梯。当他第二次登上顶层把盒子交给主管时，浑身是汗，两腿发颤，主管却和上次一样，在盒子上签下名字，让他把盒子再送回去。他擦擦脸上的汗水，转身走向舷梯，把盒子送下来，领班签完字，让他再送上去。

这时他有些愤怒了，他看看领班平静的脸，尽力忍着不发作，又拿起盒子艰难地一个台阶一个台阶地往上爬。当他上到最顶层时，浑身上下都湿透了，他第三次把盒子递给主管，主管看着他，傲慢地说："把盒子打开。"他撕开外面的包装纸，打开盒子，里面是两个玻璃罐，一罐咖啡，一罐咖啡伴侣。他愤怒地抬起头，双眼喷着怒火，射向主管。

主管又对他说："把咖啡冲上。"年轻人再也忍不住了，"叭"的一下把盒子扔在地上："我不干了！"说完，他看看倒在地上的盒子，感到心里痛快了许多，刚才的愤怒全释放出来了。

这时，这位傲慢的主管站起身来，直视着他说："刚才让你做的这些，叫作承受极限训练，因为我们在海上作业，随时会遇到危险，要求队员身上一定要有极强的承受力，承受各种危险的考验，才能完成海上作业任务。可惜，前面三次你都通过了，只差最后一点点，你没有喝到自己冲的甜咖啡。现在，你可以走了。"

这位年轻人可能自己也没有想到，领导和主管对自己的折磨是一种考验，更是一种锻炼，经过这些考验之后，你的能力和意志力都会得到极大的提高。经受住各种考验，多用心，多忍耐，你就会获得相应的提高。

学会必要的忍耐

当你不愿让命运来主宰你的一切，但又没有反击命运的能力时，切记，应学会忍耐！

美国第三任总统杰弗逊在给子孙的告诫中有一条是："当你气恼时，先数到 10 后再说话；假如怒火中烧，那就数到 100。"

生活中，在遇到一些不顺心和不如意的事情时，我们的情绪往往会被超常激发起来，陷入激动、委屈、不安等精神状态中。此时最容易被情绪操纵，不顾理智做出鲁莽之事。“忍一时风平浪静，退一步海阔天空”，在这个时候，务必要记住“忍耐”二字。强制自己把心情平静下来，认真选择利最大、弊最小的做法，以求达到在当时可能取得的最好效果。

每个人从出生就面临来自方方面面的竞争和挫折。一个人的成功不仅需要不断提高自己的能力，而且需要经受自己在前进道路上的成功与失败的各种考验，需要具备良好的心理素质。由于我们每个人自身的缺点，由于社会还存在着一些阴暗面，还存在着一些人不那么光明正大，因此失败在所难免，有时甚至还不得不忍受“飞来横祸”。在这种情况下，有时需要进行必要的斗争，但是，更多的时候需要的是忍耐。在自己遭到失败的时候，当然希望周围的人同情自己、帮助自己，但是更为重要的是，忍耐住失败的痛苦，学会自己擦净自己伤口的鲜血，并走出痛苦，走向新的生活。要忍耐，以争取自己超越困难，同时，要灵活一些，争取更好的环境，努力奋斗，走向辉煌。

作为命运的主宰者——人，我们应该学会忍耐，因为它常会让我们有意想不到的收获。人在现实中生活，犹如驾一叶扁舟在大海中航行，巨浪和漩涡就潜伏在你的周围，可能会随时袭击你，因此，你要当个好舵手，同时还得具有克服艰难的毅力和勇气，设法绕过漩涡，乘风破浪前进。换言之，忍耐也是面对磨难的一种手法，以不变应万变;忍耐更是一种力量，它能磨钝利刃的锋芒。但忍耐不是软弱，不是退却，也不是背叛，而是以退为进的策略，是求同存异，是寻找合作。

当你不愿让命运来主宰你的一切，但又没有反击命运的能力时，切记，应学会忍耐！

儒家与道家都强调忍耐的重要，只有忍到最后一刻才会发生意想不到的变化，才有希望看到转机。或许你仍在向往一帆风顺，可是却在面对曲折的人生。其实所谓的一帆风顺只是对自己心灵的一种安慰而已，坚信唯有奋斗不息才能成为命运的主人。而在这一步步的努力中，你必须学会忍耐！

忍耐是沉默，功亏一篑是因为不懂得忍耐的真正含义，而坚韧不拔地追求并排除万难有所超越才是忍耐的外延。

实际上，忍耐是一种酝酿胜利的高超手段。忍耐实际上是一种动态的平衡，是一种形式的转换，不要被利益所陶醉，也不要因没有利益而悲伤。忍耐可以帮助我们摆脱烦恼，获得人生的真谛。

非洲某国的一位总统问一位友人有什么好经验，这位友人就说了一句话："忍耐。"忍耐不是目的是策略，是胜敌的关键所在，但一般人做不到。"小不忍则乱大谋"这句话很正确。《三国演义》中诸葛亮三气周瑜，愣是活活把周瑜气死了。如果周瑜学会忍耐，哪会有这样的结果呢！

我们有时候不妨学一学鸵鸟，逆来顺受。但是，这不是教大家颓废，只是让大家学会忍让，为将来的爆发，也就是成功创造条件，同时它也可以为你提供丰富的经验。日常生活中，每一个人总会遇到他人的一些伤害，无缘由的中伤、诽谤……

平白无故的是非给我们带来身心伤害。类似的事件大家也许经历过，也可能以后的日子会遇到。在这种时候，大家应泰然处之，将忍耐进行到底，终有一天所有的错误都将改正。平和的心态不只是给我们自己带来了宁静，也给予他人更多！

百忍成钢，人生就像一个磨刀的过程，忍耐好比磨刀石。当心性修炼得清澈如镜，达到这种不以物喜，不以己悲的境界时，那就是我们历经千锤百炼的刀已炼成。

体谅老板，未来才能做好老板

只有学会体谅别人，你才真正走向成熟了。

也许目前，你正遭受老板的折磨，为此，你恨得牙根痒痒的。但是，如果你一直停留在恨的状态上，那你绝不会获得成长。只有学会体谅老板，你才能有在未来做上老板的机会。

换个角度看老板，是为了让我们可以认清老板的责任和使命，体谅老板所承受的痛苦和压力，站在企业和老板的立场上考虑问题。这样，我们不仅能够成为一名优秀的员工，还可能成为一名优秀的老板。

工作中，员工轻视老板主要分为下列两种情形：

第一种情形是，一旦某位职员在公司中起了很大作用，他就会变得自以为是了。譬如顺利完成了一个大订单，为公司挽回了重大的损失等，他们会想："如果没有我，公司不知道会变成什么样。"

第二种情形是，当员工处于事业的低潮，譬如没有完成业务指标，或者因个人工作问题遭到老板的批评责备，他们的内心会充满挫折感和委屈，于是，就会对那些批评他的人心存怨恨。"当老板有什么了不起，将我放在那个位置上，我一样能做好。"

无论是哪一种情况，都不是一种正确的心态。他们被私欲蒙住了眼睛，看不到老板所付出的代价和努力，看不到做一名优秀的管理者所必须付出的艰辛。

事实上，作为一名老板，其工作性质与员工有很大不同。他必须思考公司整体的发展战略，他必须对每一个重大的决策进行规划，这些工作表面上看没什么大不了的，但却需要长时间的知

识和经验的积累。维持一家公司的正常运行，是一个相当复杂的过程,并不是我们所看到的那么简单,他必须具备许多非凡的能力:

1. 强烈的成就感，这类人追求卓越的成就感的愿望很强烈。

2. 良好的整合能力，这类人具备不错的逻辑思维能力，能把各种纷繁的信息整合起来，做出准确的判断。

3. 良好的承受力和持久力，这类人承受压力的能力强，勇于面临各种打击，不轻言放弃。

4. 良好的团队组织能力，这类人有天生的领导力，善于调动团队整体积极性。

退一步说，如果老板真是很轻松、很悠闲，这并不意味着任何人做了老板都会很轻松,现在的轻松也许是以前辛苦的结果——只是你没有看到老板以前所付出的努力。一旦公司业务进入成熟稳定期，与那些整天疲于奔命的业务员相比，老板的轻松也是理所当然的。

李克是一名业绩出众的营销经理，看到老板每天坐在办公室里，而业务人员四处奔波，使得公司财源滚滚，他内心颇有些不平，于是产生了自己创业的念头。几经筹措终于将公司开起来了，结果如何呢？他发现无论是业务，还是管理都并非自己想象的那么简单。

当然,我们并不否定个人创业,这是一种十分可贵的职业精神,但我们必须明白，做老板是一件复杂而且辛苦的事情。做员工时能够认识到这一点，并且给老板更多的体谅，未来才有可能做好老板。

学会体谅你的老板吧，接受老板的折磨，你就会获得更好的成长，为未来的成功添上有益的砝码。

顾客把你磨炼成天使

不要厌烦顾客的折磨，通过顾客的各种各样的折磨，你的业务能力会得到不同程度的提高，这会为你今后的成功奠定坚实的基础。

阿迪·达斯勒被公认为是现代体育工业的开创者，他凭着不断的创新精神和克服困难的勇气，终身致力于为运动员制造最好的产品，最终建立了与体育运动同步发展的庞大的体育用品制造公司。

阿迪·达斯勒的父亲靠祖传的制鞋手艺来养活一家四口人，阿迪·达斯勒兄弟帮助父亲做一些零活。一个偶然的机会，一家店主将店房转让给了阿迪·达斯勒兄弟，并可以分期付款。

兄弟俩高兴之余，资金仍是个大问题，他们从父亲作坊搬来几台旧机器，又买来了一些旧的必要工具。这样，鲁道夫和阿迪正式挂出了“达斯勒制鞋厂”的牌子。

起初，他们以制作一些拖鞋为主，由于设备陈旧、规模太小，再加上兄弟俩刚刚开始从事制鞋行业，经验不足，款式上是模仿别人的老式样，种种原因导致生产出来的鞋销售并不好。

困境没有让两个年轻人却步，他们想方设法找出矛盾的根源所在，努力走出失败的困境。

聪明的阿迪逐渐意识到：那些成功企业家的秘诀在于牢牢抓住市场，而他们生产的款式已远远落后于当时的市场需求。

兄弟俩着手寻找自己的市场定位，经过市场调查，终于有了结果：他们应该立足于普通的消费者。因为普通大众大多数是体力劳动者，他们最需要的是既合脚又耐穿的鞋。再加上阿迪是一个体育运动迷，并且深信随着人们生活水平的提高，健康将越来越会成为人们的第一需要，而锻炼身体就离不开运动鞋。

定位已经明确，接下来就是设计生产的问题了。他们把自己的家也搬到了厂里，一个多月后，几种式样新颖、颜色独特的跑鞋面世了。

然而，新颖的跑鞋没有像兄弟俩想象的那样畅销。当阿迪兄弟俩带着新鞋上街推销时，人们首先对鞋的构造和样式大感新奇，争相一睹为快。

可看过之后，真正购买的人很少，人们看着两个小伙子年轻、陌生的脸孔，带着满脸的不信任离开了。

兄弟俩四处奔波，向人们推荐自己精心制作的新款鞋，一连许多天，都没有卖出一双鞋。

阿迪兄弟本以为做过大量的市场调查之后生产出的鞋子，一定会畅销，然而无法解决的困难又一次让两个年轻人陷入绝境。

可阿迪·达斯勒的字典里没有“输”这个词，只有勇气陪伴着他们，去闯过一个个难关。

在困难面前，阿迪兄弟没有消沉，没有退缩，而是迎着困难继续努力，在仔细分析当时的市场形势和自己工厂的现状后，终于找到了解决的办法。

兄弟俩商量后决定：把鞋子送往几个居民点，让用户们免费试穿，觉得满意后再向鞋厂付款。

一个星期过去了，用户们毫无音讯，两个星期过去了，还是没有消息。兄弟俩心中都有些焦躁，有些坐不住了。

在耐心地等候中，又一个星期过去，他们现在唯一的办法也只有等待了。一天，第一个试穿的顾客终于上门了。他非常满意地告诉阿迪兄弟俩，鞋子穿起来感觉好极了，价钱也很公道。在交了试穿的鞋钱之后，又定购了好几双同型号的鞋。

随后不久，其余的试穿客户也都陆续上门。一时之间，小小的厂房竟然人来人往，络绎不绝。鞋子的销路就此打开，小厂的影响也渐渐扩大了。

阿迪兄弟俩没有被初次创业所遭受顾客的种种困难所吓倒，面对资金不足、经验不足、信誉缺乏等困难，他们凭着自己的信心和勇气一一攻克，为日后家族现代体育工业帝国的建立，打下了坚实的基础。

现在的你也一样，不要抱怨顾客对你的折磨，因为，唯有这些折磨才能将你磨炼成美丽的“天使”。

第三节 感激对手，有利于提高自己

善待你的对手

善待你的对手，尽显品格的力量和生存的智慧。

一旦谈到双赢，人们一向以为这种情况只会发生在自己与合作伙伴之间，而与对手，“不是你死，就是我亡”，这才是最终的结局。

真的是这样吗？显然，答案是否定的。其实我们和对手也可以走进双赢的境地。

所以，我们需要合作伙伴，而不要排斥对手。

对手，是失利者的良师。有竞争，就免不了有输赢。其实，高下无定式，输赢有轮回。曾经败在冠军手下的人，最有希望成为下一场赛事的冠军。只因败者有赢者作师，取人之长，补己之短，为日后取胜奠基。更有一些智者，一番相争之后，便能知己知彼，比得赢就比，比不赢就转，你种苹果夺冠，我种地瓜也可以领先。

对手，是同剧组的搭档。人生在世能够互成对手，也是一种缘分，仿佛同一个分数中的分子、分母。如此说，结局往往只有赢多赢少之别，并无绝对胜败之分。角色有主有次，登台有先有后，掌声有多有少，但彼此相依，缺了谁戏也演不成。同在一个领导班子中也如此，携手共进，共创佳绩，方可交相辉映。

孟子说："入则无法家拂士，出则无敌国外患者，国恒亡。"奥地利作家卡夫卡说："真正的对手会灌输给你大量的勇气。"善待你的对手，方尽显品格的力量和生存的智慧。

在秘鲁的国家级森林公园，生活着一只年轻的美洲虎。由于美洲虎是一种濒临灭绝的珍稀动物，全世界现在仅存 17 只，所以为了很好地保护这只珍稀的老虎，秘鲁人在公园中专门辟出了一块近 20 平方公里的森林作为虎园，还精心设计和建盖了豪华的虎房，好让美洲虎自由自在的生活。

虎园里森林茂密，百草丛生，沟壑纵横，流水潺潺，并有成群人工饲养的牛、羊、鹿、兔供老虎尽情享用。凡是到过虎园参观的游人都说，如此美妙的环境，真是美洲虎生活的天堂。

然而，让人们感到奇怪的是，从没有人看见美洲虎去捕捉那些专门为它预备的"活食"。从没有人见它王者之气十足地纵横于雄山大川，啸傲于莽莽丛林，甚至未见它像模像样地吼上几嗓子。

人们常看到它整天待在装有空调的虎房里，或打盹儿，或耷拉着脑袋，睡了吃吃了睡，无精打采。有人说它大约是太孤独了，若是找个伴儿，或许会好些。

于是政府又通过外交途径，从哥伦比亚租来了一只母虎与它做伴，但结果还是老样子。

一天，一位动物行为学家到森林公园来参观，见到美洲虎那副懒洋洋的样儿，便对管理员说，老虎是森林之王，在它所生活的环境中，不能只放上一群整天只知道吃草，不知道猎杀的动物。

这么大的一片虎园，即使不放进去几只狼，至少也应该放上两只猎狗，否则，美洲虎无论如何也提不起精神。

管理员们听从了动物行为学家的意见，不久便从别的动物园引进了两只美洲狮投进了虎园。这一招果然奏效，自从两只美洲狮进虎园的那天起，这只美洲虎就再也躺不住了。

它每天不是站在高高的山顶愤怒地咆哮，就是有如飓风般冲下山冈，或者在丛林的边缘地带警觉地巡视和游荡。老虎那种刚烈威猛、霸气十足的本性被重新唤醒。它又成了一只真正的老虎，成了这片广阔的虎园里真正意义上的森林之王。

一种动物如果没有对手，就会变得死气沉沉。同样的，一个人如果没有对手，那他就会甘于平庸，养成惰性，最终导致庸碌无为。

一个群体如果没有对手，就会因为相互的依赖和潜移默化而丧失灵活，丧失生机。

一个行业如果没有对手，就会因为丧失进取的意志，就会因为安于现状而逐步走向衰亡。

许多人都把对手视为是心腹大患，是异己，是眼中钉，是肉中刺，恨不得马上除之而后快。其实只要反过来仔细一想，便会发现拥有一个强劲的对手，反而倒是一种福分、一种造化。

因为一个强劲的对手，会让你时刻有种危机四伏感，它会激发起你更加旺盛的精神和斗志。

有时候，表面上看来，我们从对手身上得到的学习机会没有那么直接、明显，然而，仅仅是承受他带给我们的压力，就已是很宝贵的机会，可以对我们的成长起到很大的助益。不要随便把对手视为敌人或仇人，只有这样，我们才可以冷静地观察对方，客观地审视自己；也唯有这样，才能在与对手交手的过程中学到东西。

然而，很多人无法这样看待对手。由于对手和敌人往往只有一线之隔，甚至是一体两面，因而对手也很容易被视为仇人。很多人会带着各种情绪来看待对手，经常会这样想：敌人和仇人当然是不好的，哪有向他们学习的道理？

不少人在碰到对手的时候，首先是不屑一顾（觉得对手的实力不过如此），接下来是愤怒（发现这样的人竟然有很多人喜欢，还威胁甚至超越自己），最后则是不允许别人在面前说对手的只言片语。

其实，越是敌人和仇人，可学的东西才越多。对方要消灭你，一定是倾巢而动、精锐尽出。对方使出浑身解数的时候，也就是传授你最多招数的时候（敌人为了激怒你、伤害你而使出的一些手段，就是任何其他老师所不能教你的）。

所以，如果你有个很强的对手，你应该从心底欢喜。就像每天要照照镜子一样，你每天都要仔细盯紧这个对手，好好欣赏他，好好向他学习。而最好的学习，永远来自于你和他交手、被他击中的那一刻。

一个人有了对手，才会有危机感，才会有竞争力。有了对手，你便不得不奋发图强，不得不革故鼎新，不得不锐意进取，否则，就只有等着被吞并、被替代、被淘汰。

善待你的对手吧！有时候，将我们送上领奖台的，不是我们的朋友，而恰恰是我们的对手。

远离虚荣才能接近对手

对手是你的“敌人”，但从另一个方面来说，对手也是对你的成功帮助最大的人。你只有抛弃虚荣心理，才能跟你的对手走到一起。

商场上有句俗话这样说：“同行是冤家。”不错，你的同行的确就是你的竞争对手。在抢占市场时，你们的确是冤家。

但是，不可否认的是，如果没有竞争对手，只有个人垄断，那将会导致不思发展的后果。有时候，要想使自己变得更强更好，你必须要善待自己的对手。

那你要怎样接近自己的对手呢？这就要求你抛弃虚荣心理，主动和对方接触，你才能接近对手，并了解对手，学习对手，最终达到双赢的效果。

有个名叫西拉斯的人，在一个小镇上开一家杂货铺。这铺子是他爸爸传下来的，他爸爸又是从他爷爷手里接过来的。他爷爷开这铺子的时候南北两边正在打仗。

西拉斯买卖公道，信誉很好。他的铺子对镇上的人来说就像手足，不可缺少。西拉斯的儿子在长大，小铺子就要有新接班人了。

可是有一天，一个外乡人笑嘻嘻地来拜访西拉斯，情况便变得严重了！此人说，他想买下这个铺子，请西拉斯自己作价。

西拉斯怎么舍得？即便出双倍价格他也不能卖！这铺子可不仅仅是铺子，这是事业，是遗产，是信誉！

外乡人耸耸肩，笑嘻嘻地说：“抱歉，我已选定街对面那幢空房子，粉刷一番，弄得富丽堂皇，再进些上好货品，卖得更便宜，那时你就没生意了！”

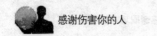

西拉斯眼见对面空房贴出了翻新布告，一些木匠在里面锯呀刨呀，有一些漆匠爬上爬下，他的心都碎了！他无可奈何却又不无骄傲地在自家店门上贴了张告白：“敝号系老店，95 年前开张。”

对面也换了一张告白：“敝号系新店，下礼拜开张。”

人们对比着读了，无不心中暗笑。

新店开业前一天，西拉斯坐在他那间阴暗的店堂里想心事，他真想把对手臭骂一顿，幸亏西拉斯有个好妻子。

“西拉斯，”她用低低的声音缓缓地说，“你巴不得把对面那房子放火烧了，是不是？”

“是巴不得！”西拉斯简直在咬牙切齿，“烧了有什么不好？”

“烧也没用，人家保险过。再说，这样想也缺德。”

“那你说我该怎么想？”西拉斯冒着火。

“你该去祝愿。”

“祝愿天火来烧？”

“你总说自己是个厚道人，西拉斯，你一碰到切身事就糊涂。你该怎么做不是很清楚吗？你应该祝愿新店开业成功。”

“你是脑筋出问题了吧，贝蒂。”

说是这么说，西拉斯最后决定去一次。

第二天早晨新店还没开门，全镇人已等在外边。大家看着正门上方赫然写着“新新百货店”几个金字，都想进去一睹为快。

西拉斯也在人群中，他快快活活跨到台阶上大声说：“外乡老弟，恭喜开业，谢谢你给全镇人带来方便！”

他刚说完便吃了一惊，因为全镇人都围上来朝他欢呼，还把他举起来。大家跟他进店参观。谁都关心标价，谁都觉得很公道。那外乡老板笑嘻嘻地牵着西拉斯的手，两个生意人像老朋友。

后来，两家生意都做得兴隆，因为小镇一年年变大了。

故事给我们一个很好的启示：

一个能容忍对手发展的人，不但是一个胸襟宽广的人，还是一个具有远见的人。让竞争对手时刻在背后激励自己、鞭策自己，使自己不能有片刻懈怠，努力向前发展，实现双赢目的，实在是再好不过。

放下自私和虚荣，主动接受对方。“尺有所短，寸有所长”，只要你诚心接交，对方也会坦诚相待，你就会从对手身上学到长处，从而更有利于自己的发展。

心胸开阔，天地自然宽广

任何时候，都不要嫉妒对手，一旦你心生嫉妒，你的心态就会失衡，你的天地就会越来越暗淡，你的人生之路也就会越来越狭窄。

很多人看到自己的对手越来越好，心中不服，他们想方设法地去破坏对方，阻止对方前进，结果在这个过程中，他已经看不到自己的缺陷，心灵被嫉妒占据，最后导致两败俱伤，悔恨莫及。

我们为什么不好好对待自己的对手呢？把胸怀放宽一些，你的人生天地也自然会宽广起来。

请看两则媒体上刊载的因嫉妒对手而犯罪的新闻：

一建材市场老板王某经营有方，引起竞争对手张某的嫉妒，张某出资雇人将王某打成了残疾。张某随后被捕。

某男子因嫉妒相邻饭馆生意红火，为争抢客人，竟在相邻饭馆投放农药，结果导致 10 名食客用餐后中毒住院，后该男子被抓获归案。经过大量调查，当地检察院以投放危险物品罪对其提起公诉，法院依法判定罪名成立，判处其有期徒刑 4 年。

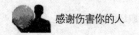

嫉妒对手导致犯罪，毁掉自己的一生，何其不值!

我国的传统医学对嫉妒的危害早就有过论述,《黄帝内经·素问》明确指出:“妒火中烧,可令人神不守舍,精力耗损,神气涣失,肾气闭塞,郁滞凝结,外邪入侵,精血不足,肾衰阳失,疾病滋生。”

嫉妒破坏友谊、损害团结，给他人带来损失和痛苦，既贻害自己的心灵又殃及自己的身体健康。

心胸开阔，天地自然宽广。告别嫉妒心理吧，以宽广的胸怀去接纳、祝福自己的对手，你也会获得对手的尊重，同时你也能从对手那里学到经验，提高自己，何乐而不为?

感谢你的竞争对手

对手有时也是一种激励因素。因竞争的压力而不断寻求进步，最终走上成功的道路，成功的你有什么理由不感谢对手呢?

在日本北海道有一种鳗鱼，它被捕捞上来以后很容易死掉。但有一个办法能够使它活得更久,就是在鳗鱼中放进它的对手——狗鱼。鳗鱼因为有了对手狗鱼而被激活，因而活的时间更长。

其实我们无论何时都应该感激对手，只有对手才让我们有危机感，我们才会不断地进取，以获取最大的成功。没有对手我们就不会有进步，没有对手我们就不会有今天的成就，没有对手我们就不会走向成功的道路。

第四节　给自己一点儿压力，才能激发潜力

给自己一点儿压力

人需要给自己一点压力，才能在压力中成长，才能在压力中不畏艰难，走向成功。

折磨你的人会给予你巨大的压力，这时，你该如何应对？

美国的鲍尔教授说："人们在感受工作中的压力时，与其试图通过放松的技巧来应付压力，不如激励自己去面对压力。"

压力对于每一个人都有一种很特别的感觉。不错，人人都会本能地想摆脱压力，但往往都不能如愿！

一个人的惰性与生存所形成的矛盾会是压力，一个人的欲望与来自社会各方面的冲突会是压力。说通俗一些，就是人生的各个阶段都有压力：读书有压力，上班有压力，做平头老百姓有压力，做领导干部也有压力。总之，压力无处不在！

压力是好事还是坏事？

科学家认为：人是需要激情、紧张和压力的。如果没有既甜蜜又有痛苦的冒险滋味的"滋养"，人的机体就无法存在。对这些情感的体验有时就像药物和毒品一样让人上瘾，适度的压力可以激发人的免疫力，从而延长人的寿命。试验表明，如果将人关进隔离室内，即使让他感觉非常舒服，但没有任何情感体验，他很快会发疯。

压力带给人的感觉不仅仅是痛苦和沉重，它也能激发人的斗志和内在的激情，使你兴奋，使你的潜能被开发！

体育比赛的压力是大家都有目共睹的，正是因为压力大，才

有了世界纪录的频频被打破。企业工作业绩的压力也是很大的，然而正是激励的竞争机制才有了企业的飞速发展，人才也层出不穷。

压力不仅能激发斗志，压力还能创造奇迹。据说有一条非常危险的山路，是人们外出的必经之路，多少年来，从未出过任何事故。原因是，每一个经过的人都必须挑着担子才能通行。可是奇怪的是，人们空着手走尚且很危险的一条狭窄的小路，一边是陡峻的山崖，一边是无底的深渊，而挑着担子反能顺利通过。那是因为挑着担子的心不敢有丝毫的松懈，全部精力和心思都集中在此，所以，多少年来，这里都是安全的。这正是压力的效应。

相反，没有压力的生活会使人生活得没有滋味。

试想，如果所有的学生都是一样的考分，不管你是多么努力！所有的员工都是一样的工资，不管你是多么勤奋！那还会有谁愿意继续努力？人人就只会混日子过，变得越来越懒散，激情也将消失殆尽！说大了，社会也将停滞不前。

但压力又不能太大，大得难以承受，人又会被压垮的。这样的例子也很多。有一个女孩因高考感觉没考好，就没有回家而直接走到江里了。当录取通知书发下时，她已离去很多日子。原因是，这次考试是一锤子“买卖”，如果这次没考上，她也就没有第二次机会了，家长对她是这样说的，所以她无法承受这样的压力，于是选择了永不面对。

压力不能没有，压力又不能过大，而压力又无法摆脱。是的，生活就是这样，充满着矛盾，我们只能去选择适应生活和改变自己。当你没有了激情，懒懒散散，那就给自己加压，定下一个目标，限期完成；当你感到压力使你心身疲惫，都快成机器了，你就要进行压力舒解，放下一些攀比和力不从心的追求。

当你没有任何压力的时候，人就会失去动力，成为轻飘飘的云，没有了方向，要想改变目前的现状，你必须给自己一些压力。珍珠的来历大家都知道，它是石子放进贝壳，经过不分昼夜的磨砺而成。也让我们学习贝壳吧，把压力变成珍珠！

化压力为动力

有压力才会有动力，巧妙化解压力，把压力转化为动力，是每位身处困境者不可不知的成功诀窍。

常言道："井无压力不出油，人无压力轻飘飘。"生活中，人们经常有这样的感觉，挑着重担的人比空手步行的人要走得快，其中的奥妙,便是压力的作用。人生一世,轻松愉快只是一种可能，而承受不同程度的压力则是一种必然。在工作中、生活中遇到的困难、挫折、不幸，是一种压力；生活节奏加快、竞争日趋激烈、追求的痛苦、爱情的困惑，更是压力……我们无法撇开压力去谈人生。

人生苦短，由此不难让我们联想到云南大理白族的三道茶，就是一苦二甜三淡，象征着人生的三重境界。苦尽才能甘来，随之才有潇洒的人生,才会不屈服于压力,将压力转化为前进的动力，开创大业，走向人生的辉煌。天无绝人之路。生活抛给我们一个问题，也给了我们解决问题的能力。

也许你的生存压力不小,烦恼也不少,但切忌陷在自我忧虑中，而要冷静思考，全面评估现状，理清思路，找到策略和行动方案，根据轻重缓急应对。记住你的力量远远要比压力大。我国著名的国际口画艺术家杨杰就是这样一路走来的。农村出身的他 6 岁玩耍时双手触及高压线而不幸失去双臂,他被送至儿童福利院 10 年。

10年过后归家，周围一切发生了很大变化，他感觉到生疏、艰难，很不适应。

他向人讨来笔墨，每天用牙磨墨、练画，用于练习的报纸摞起来高出他身高的几倍。工夫不负有心人，他在世界多个国家表演口画艺术，他的画在国外展出，并出版了个人画册，获得了多项荣誉称号。自强不息，哪怕有一丝希望也绝不放弃，这就是杨杰的人生态度。

善于承受压力和有强大的动力，是一个人成功的基础，只要你能够有效地将压力转化为动力，你离成功就不会遥远了。

在压力中奋起

不在压力中奋起，便在压力中灭亡。要想在人生的道路上走得更远，你必须选择前者。

毕业之后面临着就业压力，就业之后面临工作压力，其他还有诸如生活压力、竞争压力、恋爱压力等等，如果你没有在压力面前奋起的勇气，那你只能在重重压力中陷入虚无。

众所周知，张学友是香港著名歌星，是“四大天王”之一，很多人痴迷他的歌、喜欢他的电影、羡慕他的辉煌，可有几个人知道他艰辛的奋斗历程呢？不要自卑，也不要害怕挫折，这是他的成功秘诀。

他的第一份工作是在政府贸易处当助理文员，工作十分乏味。不肯安于现状的性格使他不久跳槽到了一家航空公司，但工资比第一份还少。当时他也没有想过有一天会成为明星，踏入娱乐圈是偶然的，成功也来得太快，这使得他沉溺在成功带来的满足感和优越感之中，只知道尽情玩乐，逐渐变得放纵、狂傲、骄横，得罪了许多人。结果他的唱片销量直线下降，第一张、第二张唱片都可以卖20万，第三张只卖了10万，接着是8万、2万。他走在街上，原来是“学友”“学友”的欢呼，现在成了粗言秽语；站在舞台上，原来是鲜花热吻，现在是阵阵嘘声。起初张学友接受不了这残酷的事实，没有去分析原因，而是去一味逃避：酗酒、骂人、闹事。家人朋友不断地劝慰他，但他一概不听，而且他还想过自杀！

沮丧的日子持续了两三年，后来他开始自省，意欲东山再起，这是他骨子里不肯服输、敢于一拼的性格所决定的。如果天生懦弱，自杀恐怕是他最终的抉择。他很了解娱乐圈“一沉百人踩”的事实，知道要东山再起所面对的艰辛，但他决意一拼！他后来总结经验说：“当你决定要面对挫折和困难时，原来并不是没有出路的！”他努力唱出自己的风格，努力拍戏，努力去研究失败的原因，努力学习处世方法，努力应对各种刁难和挫折……全力以赴，付出了不为圈外人所知的艰辛，辉煌逐渐又回到了他的身边。

他说，没有人可以避免压力和挫折，重要的是要有豁达、乐观、坚毅、忍耐的性格，要搞清楚自己的位置和方向，才能走过失败，重新振作。他说自己希望做一只蜗牛，蜗牛永远不会理会别人的催促，无视外来的压力，只是依着自己的步伐和所选择的方向，勇往直前，这必能成功。

压力和挫折时刻都会存在，有人说，人没有了压力，生活就会没有了方向，就像没有了风，帆船不会前进一样。但你一定不能在压力中不思进取，否则你将被压力淹没。

在压力中奋起，你才会有成功的可能。

给自己一个悬崖

给自己一个悬崖，你才能有被逼到绝境时的感受，才能迸发出你生命的潜能，从而一扫过去的慵懒，走向成功。

人总是生活在安逸的环境中，能力就会渐渐消退，心智就会渐渐老去，潜力生锈，沦为平庸之辈。因此，一个人若想从中脱颖而出，必须时时给自己一些压力，让自己去接受挑战，才能不断突破自我，发挥潜能，走向卓越。

一个故事能很好地向我们阐释这个道理：

有一个老人到山里砍柴时，捡到一只很小的怪鸟，那怪鸟和出生刚满月的小鸡一样大小，也许是因为它实在太小了，还不会飞，老人就把这只怪鸟带回家给他的孙子玩耍。

老人的孙子很调皮，他将怪鸟放在小鸡群里，充当母鸡的孩子，让母鸡养育着。母鸡没有发现这个异类，全权负起一个母亲的责任。怪鸟一天天长大，羽毛一天天丰满，后来人们发现那只怪鸟竟是一只鹰，人们一致强烈要求，要么放生，要么杀生，让它永远也别回来。

老人因为和鹰相处的时间长了，有了感情，不忍心伤害它。所以，老人决定让它重返大自然。他们就把鹰带到了较远的地方放生，可过了几天那只鹰又飞回来了，他们驱赶它，不让它进家门，甚至将它打得遍体鳞伤，许多办法都试过了，但是对它起不了任何作用。最后他们也明白了，原来鹰是眷恋它从小长大的家园，还有那个温暖舒适的窝。

后来，那老人就把它带到了附近最陡峭的悬崖壁旁，然后将它狠狠地往深涧扔去，只见那鹰像石头般往下坠，然而快到涧底的时候，它终于展开双翅托住了身体，开始滑翔，拍打着翅膀，飞向蔚蓝的天空，渐渐地变成了黑点，飞出了人们的视线，永远地飞走了，再也没有回来。

人何尝不是如此呢？一个人要想让自己的人生有所转机，就必须懂得关键时刻把自己带到人生的悬崖，给自己一个悬崖，就是给自己一片蔚蓝的天空啊！

人在面对压力时会激发出巨大的潜能，因此，你不必因恐惧逆境和挫折而去当温室里的花朵。温室里的花朵固然可以安全舒适地生活，但人生不可能一帆风顺，一旦逆境来临，首先被摧毁的就是失去意志力和行动能力的温室花朵，经常接受磨炼的人才能创造出崭新的天地，这就是所谓的“置之死地而后生”。

找一个竞争对手“盯”自己

如果你想尽快走上成功的道路，那你就必须找一个竞争对手“盯”自己。那样，你的速度才会更快，潜能才会更有效地发挥。

生活并不如意，你也没有什么前进的动力，如果一直这样下去，你的人生就会就此止息，没有什么指望了。

因此，面临这种情况，不妨找一个竞争对手，把他放在背后“盯”紧自己，不断前行。

在北方某大城市里，诸多电器经销商经过明争暗斗的激烈市场较量，在彼此付出了很大的代价后，有张、李两大商家脱颖而出，他们又成为最强硬的竞争对手。

这一年，张为了增强市场竞争力，采取了极度扩张的经营策略，大量地收购、兼并各类小企业，并在各市县发展连锁店，但由于实际操作中有所失误，造成信贷资金比例过大，经营包袱过重，其市场销售业绩反倒直线下降。

这时，许多业内外人士纷纷提醒李——这是主动出击、一举彻底击败对手张，进而独占该市电器市场的最好商机。

李却微微一笑，始终不曾采纳众人提出的建议。

在张最危难的时机，李却出人意料地主动伸出援手，拆借资金帮助张涉险过关。最终，张的经营状况日趋好转，并一直给李的经营施加着压力，迫使李时刻面对着这一强有力的竞争对手。

有很多人曾嘲笑李的心慈手软，说他是养虎为患。可李却没有丝毫后悔之意，只是殚精竭虑，四处招纳人才，并以多种方式调动手下的人拼搏进取，一刻也不敢懈怠。

就这样，李和张在激烈的市场竞争中，既是朋友又是对手，彼此绞尽脑汁地较量，双方各有损失，但各自的收获却都很大。多年后，李和张都成了当地赫赫有名的商业巨子。

面对事业如日中天的李，当记者提及他当年的“非常之举”时，李一脸的平淡：击倒一个对手有时候很简单，但没有对手的竞争又是乏味的。企业能够发展壮大，应该感谢对手时时施加的压力。正是这些压力，化为想方设法战胜困难的动力，进而在残酷的市场竞争中，始终保持着一种危机感。

其实，商界这一法则，动物界也给我们提供了例证。一位动物学家在考察生活于非洲奥兰治河两岸的动物时，注意到河东岸和河西岸的羚羊大不一样，前者繁殖能力比后者更强，而且奔跑的速度每分钟要快 13 米。

他感到十分奇怪，既然环境和食物都相同，何以差别如此之大？为了能解开其中之谜，动物学家和当地动物保护协会进行了一项实验：在两岸分别捉了 10 只羚羊送到对岸生活。结果送到西岸的羚羊发展到 14 只，而送到东岸的羚羊只剩下了 3 只，另外 7

只被狼吃掉了。

谜底终于被揭开，原来东岸的羚羊之所以身体强健，只因为它们附近居住着一个狼群,这使羚羊天天处在一个“竞争氛围”中。为了生存下去，它们变得越来越有“战斗力”。而西岸的羚羊长得弱不禁风，恰恰就是缺少天敌，没有生存压力的原因。

没有压力，人的潜能就会逐步退却，人的动力慢慢消退，生命的机能不断萎缩。最终，人的事业消沉，生活散漫，人生越来越暗淡。

只有注入强有力的压力，在压力中多多用心，努力将压力转化为动力,才有可能使生命越来越有活力,激发出更多的人生潜能，最终取得事业的成功。

找一个竞争对手“盯”自己，才不至于因生活散漫而消沉，才能在成功的路途上越走越远。

第五节　每天进步一点点

永远生活在完全独立的今天

昨天是一张作废的支票，明天是一张期票，而今天是你唯一拥有的现金，所以应该聪明把握。

很多人都有这样的习惯，他一边后悔着昨天的虚度，一边下定决心，从明天开始做出改变，而今天就在这后悔和决心之余被他轻轻放过。

其实，很多人都不知道，你所能拥有的只有实实在在的今天、明天和昨天。只有好好把握今天，明天才会更美好、更光明。

1871年春天，一个年轻人拿起了一本书，看到了一句对他前途有莫大影响的话。他是蒙特瑞综合医科的一名学生，平日对生活充满了忧虑，担心通不过期末考试，担心该做些什么事情，怎样才能开业，怎样才能过活。

这位年轻的医科学生所看见的那一句话，使他成为当代最有名的医学家，他创建了全世界知名的约翰·霍普金斯学院，成为牛津大学医学院的教授——这是学医的人所能得到的最高荣誉。他还被英国女王册封为爵士，他的名字叫作威廉·奥斯勒爵士。

下面就是他所看到的——托马斯·卡莱里所写的一句话，帮他度过了无忧无虑的一生："最重要的就是不要去看远方模糊的事，而要做手边清楚的事。"

40年后，威廉·奥斯勒爵士在耶鲁大学发表了演讲，他对那些学生们说，人们传言说他拥有"特殊的头脑"，但其实不然，他周围的一些好朋友都知道，他的脑筋其实是"最普通不过了"。

那么他成功的秘诀是什么呢？他认为这无非是因为他活在所谓"一个完全独立的今天里"。在他到耶鲁演讲的前一个月，他曾乘坐着一艘很大的海轮横渡大西洋，一天，他看见船长站在舵房里，揿下一个按钮，发出一阵机械运转的声音，船的几个部分就立刻彼此隔绝开来——隔成几个完全防水的隔舱。

"你们每一个人，"奥斯勒爵士说，"都要比那条大海轮精美得多，所要走的航程也要远得多，我要奉劝各位的是，你们也要学船长的样子控制一切，活在一个完全独立的今天，这才是航程中确保安全的最好方法。你有的是今天，断开过去，把已经过去的埋葬掉。断开那些会把傻子引上死亡之路的昨天，把明日紧紧地关在门外。未来就在今天，没有明天这个东西。精力的浪费、精神的苦闷，都会紧紧跟着一个为未来担忧的人。养成一个生活好习惯，那就是生活在一个完全独立的今天里。”

奥斯勒爵士的话值得我们每个人思考。其实，人生的一切成就都是由你“今天”的成就累积起来的，老想着昨天和明天，你的“今天”就永远没有成果，到老的日子，你的“昨天”也就会一事无成。珍惜今天吧，只有珍惜今天，你才能有好的未来！

一次做好一件事

成功不需要你付出多大精力，只要你一次做好一件事，你就会不断获得进步，日积月累，你就会从众人中脱颖而出。

有人问拿破仑打胜仗的秘诀是什么。他说：“就是在某一点上集中最大优势兵力，也可以说是集中兵力，各个击破。”这句话精辟地道出了集中注意力对于成功的重要。

无论何时，集中注意力去做事都是成功的关键之一。古往今来，凡是卓有成就的人，他们都有一个共同点，那就是将精力用在做一件事情上，专心致志，集中突破，这是他们做事卓有成效的主要原因。著名的效率提升大师博恩·崔西有一个著名的论断：“一次做好一件事的人比同时涉猎多个领域的人要好得多。”富兰克林将自己一生的成就归功于“在一定时期内不遗余力地做一件事”这一信条的实践。

史蒂芬·柯维在为一些经理人做职业培训时，有一次，一位公司的经理去拜访他，看到柯维干净整洁的办公桌感到很惊讶，他问史蒂芬·柯维说：“柯维先生，你没处理的信件放在哪儿呢？”

柯维说：“我没处理的信件都处理完了。”

“那你今天没干的事情又推给谁了呢？”这位经理紧接着问。“我所有的事情都处理完了。”史蒂芬·柯维微笑着回答。看到这位经理困惑的表情，史蒂芬·柯维解释说："原因很简单，我知道我所需要处理的事情很多，但我的精力有限，一次只能处理一件事情，于是我就按照所要处理的事情的重要性，列一个顺序表，然后就一件一件地处理。结果，完了。"说到这儿，史蒂芬·柯维双手一摊，耸了耸肩膀。

"噢，我明白了，谢谢你，史蒂芬·柯维先生。"

几周以后，这位公司的经理请史蒂芬·柯维参观其宽敞的办公室，对史蒂芬说："柯维先生，感谢你教给了我处理事务的方法。过去，在我这宽大的办公室里，我要处理的文件、信件等，堆得和小山一样，一张桌子不够，就用三张桌子。自从用了你说的法子以后，情况好多了，瞧，再也没有没处理完的事情了。"

这位公司的经理，就这样找到了处理的办法，几年以后，成为美国社会成功人士中的佼佼者。

人的精力并不是无限的，如果你想超负荷地一次完成数件事情，那结果只会使事情变得更糟糕。最好的方法是，一次做好一件事，对你来说，这样就已经足够。只要你有恒心和毅力把手边的每件事都做好，你就会不断获得进步，最终改变困境，走向成功。

天助来自自助

人要想过得更好，必须学会自助。自助的人天自助之。

求人不如求自己。如果你不想失败，不想做他人耻笑的"半个人"，就打消你心中"依赖他人生存"的念头吧！给自己找个职业，让自己独立起来。只有这样，你才会真正地体会到自身价值，才会感到无比幸福。如果你不丢弃依赖别人这种可怜的想法，即使你怀有雄心和充满自信，也未必会发挥出所有的能力，获得成功。

人，要靠自己活着，而且必须靠自己活着。在人生的不同阶段，尽力达到理应达到的自立水平，拥有与之相适应的自立精神。这是当代人立足社会的根本基础，因为缺乏独立自主个性和自立能力的人，连自己都管不了，还能谈发展成功吗？

陶行知告诉我们："淌自己的汗，吃自己的饭，自己的事自己干。靠天靠人靠祖宗，不算是好汉。"

"自助者，天助之"，这是一条屡试不爽的格言，它早已被漫长的人类历史进程中无数人的经验所证实。自立的精神是个人真正的发展与进步的动力和根源，它体现在众多的生活领域，也成为国家兴旺强大的真正源泉。从效果上看，外在帮助只会使受助者走向衰弱，而自强自立则使自救者兴旺发达。

要想成为生活中的强者，只有身体健康和智力发达是远远不够的，如果连自立的能力都没有，连基本的生活都不会自理又如何能自强呢？要知道，自立是自强的基础。所以说，自立自强是我们品格优秀的一个很重要的因素，是不可缺少的。

从21世纪人才的竞争来看，社会对人才的素质要求是很高的，除了具备良好的身体素质和智力水平，还必须具备很强的生存意识和能力、很强的竞争意识和能力、很强的科技意识和能力，以及很强的创新意识与能力。这就要求我们从现在开始就注重对自己各方面能力包括自理能力的培养，只有使自己成为一个全面的、高素质的人，才可能在未来的竞争中站稳脚跟，取得成功。

人若失去自己，是一种不幸；人若失去自主，则是人生最大的缺憾。赤橙黄绿青蓝紫，谁都应该有自己的一片天地和特有的亮丽色彩。你应该果断地、毫无顾忌地向世人宣告并展示你的能力、你的风采、你的气度、你的才智。在生活道路上，必须善于作出抉择，不要总是踩着别人的脚印走，不要总是听凭他人摆布，而要勇敢地驾驭自己的命运，调控自己的情感，做自己的主宰，做命运的主人。

善于驾驭自我命运的人，是最幸福的人。只有摆脱了依赖，抛弃了拐杖，具有自信，能够自主的人，才能走向成功。自立自强是走入社会的第一步，是打开成功之门的金钥匙。

真正的自助者是令人敬佩的觉悟者，他会藐视困难，而困难也会在他面前轰然倒地。

行动起来吧，因为只有你自己才能真正帮助自己。

每天进步一点点

成功就是简单的事情重复去做，成功就是每天进步一点点。一个人，如果能每天进步一点点，哪怕是1%的进步，试想，有什么能阻挡得住他最终的成功？

《礼记·大学》中有句话："苟日新，日日新，又日新。"老子在《道德经》中说："合抱之木，生于毫末；九层之台，起于累土；千里之行，始于足下。"这些古老的中国经典文化格言说明一个道理：量变积累到一定程度就会发生质变。一个人，只要坚持每天进步一点点，终有到达成功的那一天。

纽约的一家公司被一家法国公司兼并了，在兼并合同签订的当天，新的总裁就宣布："我们不会随意裁员，但如果你的法语太差，导致无法和其他员工交流，那么，我们不得不请你离开。这个周末我们将进行一次法语考试，只有考试及格的人才能继续在这里工作。"散会后，几乎所有人都拥向了图书馆，他们这时才意识到要赶快补习法语了。只有一位员工像平常一样直接回家了，同事们都认为他已经准备放弃这份工作了。令所有人都想不到的是，当考试结果出来后，这个在大家眼中肯定是没有希望的人却考了最高分。

原来，这位员工在大学刚毕业来到这家公司之后，就已经认识到自己身上有许多不足，从那时起，他就有意识地开始了自身能力的储备工作。虽然工作很繁忙，但他却每天坚持提高自己。作为一个销售部的普通员工，他看到公司的法国客户有很多，但自己不会法语，每次与客户的往来邮件与合同文本都要公司的翻译帮忙，有时翻译不在或兼顾不上的时候，自己的工作就要被迫停顿。因此，他早早就开始自学法语了。同时，为了在和客户沟通时能把公司产品的技术特点介绍得更详细，他还向技术部和产品开发部的同事们学习相关的技术知识。

这些准备都是需要时间的，他是如何解决学习与工作之间的矛盾呢？就像他自己所说的一样："只要每天记住10个法语单词，一年下来我就会3600多个单词了。同样，我只要每天学会一个技术方面的小问题，用不了多长时间，我就能掌握大量的技术了。"

我们每天的进步就在每天持之以恒的坚持之中，贵在日复一日、月复一月、年复一年勤勤恳恳的背诵之中。一步登天做不到，但一步一个脚印能做到；急于求成、一鸣惊人不好做，但永远保持一股韧劲，认认真真完成每天的功课可以做到；一下子成为圣贤之人不可能，但要求自己每天进步一点点有可能。

要求自己每天进步一点点，就是要让自己在漫长人生旅途中，今天要比昨天强，今天的事情今天做，每天都在为心中那个大目标做着永不懈怠的努力！为此，始终保持一份平静、从容的心态，步履稳健地走好人生的每一步，不允许每一天的虚度，不放过每一天的繁忙，不原谅每一天的懒散，用"自强者胜"来勉励、监督和强迫自己，克服浮躁，战胜动摇。要求自己在人生的旅途中每天进步一点点，不是做给别人看，所以不能懈怠，更不能糊弄自己，而是要用严于律己的人生态度和自强不息、每天进步一点点的可贵精神，走一条回归自然的光明大道。

所以每天进步一点点，不是可望而不可即，也不是可遇不可求，它就在我们每天自身的努力之中。所以不能有一点成绩就自以为了不起，而是要以一种平和的心态，笨鸟先飞的态度，永远不满足，不停步，不回头！认认真真做好每天该做的事，对于我们每天的背诵要用雷打不动的精神把它完成好。

也许每天进步一点点并不引人注目，可就是这一个个小小的不引人注目的进步，终将会有一个大器晚成的效果。所以要坚信只要我们用每天进步一点点的精神，持之以恒地努力，就能使我们的人生充实而幸福，就能让我们的人生有耀眼的风采！

成功来源于诸多要素的几何叠加。比如，每天笑容多一点点，每天行动多一点点，每天创新多一点点，每天的效率高一点点……假以时日，我们的明天与昨天相比将会有天壤之别。

一个企业，如果把“每天进步一点点”变成企业文化的一部分，当其中的每个人每天都能进步一点点，试想，有什么障碍能阻挡得住它最终的辉煌。就像数学乘式中每个乘项增加 0.1，而乘积却会成倍的增长一样。竞争对手常常不是我们打败的，而是他们自己忘记了每天进步一点点。成功者不是比我们聪明，而是他比我们每天多进步一点点。

不要总相信“还有明天”

不要总相信还有明天，如果你一直等待明天，将是一事无成。记住，拖延是吞噬生命的恶魔。

一日有一日的理想和决断，昨日有昨日的事，今日有今日的事，明日有明日的事。放着今天的事情不做，非得留到以后去做，却不知在拖延中所耗去的时间和精力，足以把今日的工作做好。决断好的事情拖延着不做，往往还会对我们的品格产生不良影响。

受到拖延引诱的时候，要振作精神去做，不要去做最容易的，而要去做最艰难的，并且坚持下去。美国哈佛大学人才学家哈里克说："世上有93%的人都因拖延的陋习而一事无成，这是因为拖延能杀伤人的积极性。"

曾有一位打工者在年底受到老板的忠告："希望从明年开始，你能认认真真地做下去。"

可是那位打工者却回答说："不！我要从今天开始就好好地认真工作。"

虽然告诉你明天，其实就是要你现在开始的意思。不从今天而从明天开始，似乎也不错，然而有"从今天开始"的精神才是最需要和让人敬佩的。

将事情留待明天处理的态度就是拖延和犹豫，这不但阻碍职业上的进步，也会加重生活的压力。对某些人而言，拖延就像一块心病，使人生充满了挫折、不满与失落感。

最初可能只是由于犹豫不决才拖延，但等到一个人养成了拖延的习惯，就会有众多借口导致拖延的发生。经常拖延的人总是寻找很多的借口：工作太无聊、太辛苦、工作环境不好、完成期限太紧等等。

拖延误事，因此，没有比养成"今天的事情今天完成"更好的习惯了。当你每天起床后，应该预计今天要完成哪些事情，等到临睡前的时候，你就可以仔细检查一下，你预定的工作完成了没有，如果没有的话，就赶快抓紧时间完成吧！

拖延是一种顽疾，如果你要克服它并且养成“今日事今日毕”的习惯，你就要下定决心，准备洗心革面。

我们每个人在自己的一生中，有着种种憧憬、种种理想、种种计划，如果我们能够将这一切憧憬、理想与计划，迅速加以执行，那么我们在事业上的成就不知道会有多么伟大！然而，人们有了好的计划后，往往不去迅速执行，而是一味拖延，以致让充满热情的事情冷淡下去，幻想逐渐消失，计划最终破灭。

希腊神话告诉人们，智慧女神雅典娜是在某一天突然从宙斯的脑袋中一跃而出的，跃出之时雅典娜身披铠甲。同样，某个高尚的理想、有效的思想、宏伟的幻想，也是在某一瞬间从一个人的头脑中跃出的，这些想法刚出现的时候也是很完整的。但有拖延恶习的人迟迟不去执行，不去实现，而是留待将来再去做。这些人都是缺乏意志力的弱者。那些有能力并且意志坚强的人，往往趁着热情最高的时候就去把理想付诸实施。

今日的理想，今日的决断，今日就要去做，一定不要拖延到明日，因为明日还有新的理想与新的决断。日日复一日，明日何其多！

拖延往往会妨碍人们做事，因为拖延会消磨人的创造力。过分的谨慎与缺乏自信都是做事的大忌，有热忱的时候去做一件事，与在热忱消失以后去做一件事，其中的难易苦乐相差很大。趁着热忱最高的时候，做一件事情往往是一种乐趣，也比较容易；但在热情消灭后，再去做那件事，往往是一种痛苦，也不易办成。

不要总相信“还有明天”，今天才是你努力的起点，如果你一直等待明天再去努力，那你永远不会获得成功。

懒惰会让你一事无成

懒惰，从某种意义上讲就是一种堕落、具有毁灭性的东西，它就像一种精神腐蚀剂一样，慢慢地侵蚀着你。一旦背上了懒惰的包袱，生活将是为你掘下的坟墓。

《颜氏家训》说：“天下事以难而废者十之一，以惰而废者十之九。”惰性往往是许多人虚度时光、碌碌无为的性格因素，这个因素最终致使他们陷入困顿的境地。惰性集中表现为拖拉，就是说可以完成的事不立即完成，今天推明天，明天推后天。许多大学生奉行“今天不为待明朝，车到山前必有路”，结果，事情没做多少，青春年华却在这无休止的拖拉中流逝殆尽了。

“业精于勤荒于嬉。”产生惰性的原因就是试图逃避困难的事，图安逸，怕艰苦，积习成性。人一旦长期躲避艰辛的工作，就会形成习惯，而习惯就会发展成不良性格倾向。比尔·盖茨说：“懒惰、好逸恶劳乃是万恶之源，懒惰会吞噬一个人的心灵，就像灰尘可以使铁生锈一样，懒惰可以轻而易举地毁掉一个人，乃至一个民族。”这给我们敲响了警钟。

城市附近有一个湖，湖面上总游着几只天鹅，许多人专程开车过去，就是为了欣赏天鹅的翩翩之姿。

“天鹅是候鸟，冬天应该向南迁徙才对，为什么这几只天鹅却终年定居,甚至从未见它们飞翔呢？”有人这样问湖边垂钓的老人。

“那还不简单吗？只要我们不断地喂它们好吃的东西，等到它们长肥了，自然无法起飞，而不得不待下来。”老人答道。

圣若望大学门口的停车场，每日总看见成群的灰鸟在场上翱翔，只要发现人们丢弃的食物，就俯冲而下。

它们有着窄窄的翅膀、长长的嘴、带蹼的脚。这种“灰鸟”原本是海鸥，只为城市的食物易得，而宁愿放弃属于自己的海洋，甘心做个清道夫。

湖上的天鹅，的确有着翩翩之姿，窗前的海鸥也实在翱翔得十分优美，但是每当看到高空列队飞过的鸿雁，看到海面乘风破浪的鸥鸟，就会为前者感到悲哀，为后者的命运担忧。

鸟因惰性而生死殊途，人也会因惰性而走向堕落。如果想战胜你的慵懒，勤劳是唯一的方法。对于人来说，勤劳不仅是创造财富的根本手段，而且是防止被舒适软化、涣散精神活力的“防护堤”。

有位妇人名叫雅克妮，现在她已是美国好几家公司的老板，分公司遍布美国 27 个州，雇用的工人达 8 万多。

而她原本却是一位极为懒惰的妇人，后来由于她的丈夫意外去世，家庭的全部负担都落在她一个人身上，而且还要抚养两个子女，在这样贫困的环境下，她被迫去工作赚钱。她每天把子女送去上学后，便利用余下的时间替别人料理家务，晚上，孩子们做功课时，她还要做一些杂务。这样，她懒惰的习性就被克服了。后来，她发现很多现代妇女都外出工作，无暇整理家务。于是她灵机一动，花了 7 美元买清洁用品，为有需要的家庭整理琐碎家务。这一工作需要自己付出很大的勤奋与辛苦。渐渐地，她把料理家务的工作变为一种技能。后来甚至大名鼎鼎的麦当劳快餐店居然也找她代劳，雅克妮就这样夜以继日地工作，终于使订单滚滚而来。

有些人终日游手好闲、无所事事，无论干什么都舍不得花力气、下工夫，他们总想不劳而获，总想占有别人的劳动成果，他们的脑子一刻也没有停止活动，他们一天到晚都在盘算着去掠夺本属于他人的东西。正如肥沃的稻田不生长稻子就必然长满茂盛的杂草一样，那些好逸恶劳者的脑子中就长满了各种各样的“思想杂草”。

“无论王侯、贵族、君主，还是普通市民都具有这个特点，人们总想尽力享受劳动成果，却不愿从事艰苦的劳动。懒惰、好逸恶劳这种本性是如此的根深蒂固、普遍存在，以至于人们为这种本性所驱使，往往不惜毁灭其他的民族，乃至整个社会。为了维持社会的和谐、统一，往往需要一种强制力量来迫使人们克服懒惰这一习性，不断地劳动。由此就产生了专制政府。”英国哲学家穆勒这样认为。

那些生性懒惰的人不可能在社会生活中成为一个成功者，他们永远是失败者；成功只会光顾那些辛勤劳动的人们。懒惰是一种恶劣而卑鄙的精神重负。人们一旦背上了懒惰这个包袱，就只会整天怨天尤人，精神沮丧、无所事事，这种人完全是无用的人。

学会每天超越自己

每天超越自己，哪怕仅仅超越一点点，你就能每天都有进步，你就能越来越接近成功。

无法每天超越自己的人，通常成不了大事。

只要说服自己做得到，不论多么艰巨的任务，你必能完成。反过来说，如果想象自己做不到，就是最简单的事，对你也是座无力攀登的险峰。

林恩是位精力充沛、在家忙碌的妻子和母亲。18年来，她每天都要安慰和支持她的家人，她有个需要特殊照料的患脑积水的儿子。等孩子们长大后，林恩越发不安分，她渴望做名计算机检修工。

她走出家门，在富有挑战性、男人所统治的领域工作，令林恩产生了无限忧虑。她的女性朋友分担了她的忧虑，在她们的鼓励下，林恩开始慢慢地克服忧虑，接着就开始积累成功所需的经验。当然她经历了挫折，但她没有灰心，一次又一次地克服困难并坚持下来。最后，大家开始认同并相信她做女商人的能力。

现在，林恩拥有成功的事业。她的成功是一点一滴积累而成的，例如参加成人教育班、自愿担任计算机初学者的培训员、组织收费低廉的小型讨论会等。她的最大成功就是超越了忧虑，超越了自我，并集中每次取得的小小成功，才取得了最后的胜利。

对自己有信心，并竭尽所能地工作——这是成功改变不利现状的根本。

第四章

感谢生活中折磨你的人

第一节　从内心选择幸福

爱情的折磨会使一个人的灵魂得到升华

不要害怕失恋，更不要因失恋而消沉萎靡。经过爱情的折磨，一个人会焕发别样的光彩，灵魂得到升华，走向更远大的成功。

爱情是人生中最美丽的事，但人生并不是事事如意，相爱的人并不都会有完满的结局，失恋的故事每天都在这个世界上上演。

也许目前生活中的你正经受爱人离去后的煎熬，失恋的折磨是残酷的，但同时也充满勃勃的生机。充分把握你自己，不要让这次折磨打垮你，经过这次折磨，你的灵魂会得到一次升华，并由此创造更美好的人生。

当世界进入 20 世纪的钟声敲过，美国作家杰克·伦敦对心爱的情人玛贝尔的最后一次求爱，又因对方父母的反对而失败了。杰克怀着失恋的痛苦回到家里，大声喊着："我要与新世纪一起出发！"连夜埋头读书，用发愤自学迎来 20 世纪第一个黎明。从此，他抓紧学习和写作，1900 年 2 月发表了轰动美国文学界的小说集《狼的儿子》。

大音乐家贝多芬，31 岁时，境况艰难，无法娶心爱的琪丽哀泰。两年后对方嫁给了别人，贝多芬痛苦得写了遗嘱想自杀。但他最终从音乐中寻到了安慰，不久即创作出《第二交响曲》。36 岁之后，他与丹兰士的爱情又被毁了，又是一次无情的打击，但他决心为事业奋斗，接连创作出《第七交响曲》《第八交响曲》《第九交响曲》，成了伟大的“乐圣”。

居里夫人年轻时第一次爱上的是当家庭教师的那家主人的大儿子卡西密尔。由于对方父母反对，漂亮英俊的卡西密尔向她宣布断交。失恋的痛苦像反作用力一样，推着她以发狂般的勇气去奋斗。生活和科学在召唤，她终于跳出了失恋的深渊，踏上了科学大道并寻觅到了知音。

歌德多次失恋过，与夏绿蒂分手是第5次失恋，这次最痛苦，他多次想要自尽，但他终于坚强地战胜了怯懦。当夏绿蒂结婚时，他还送了礼物，祝她幸福。后来夏绿蒂就成为小说《少年维特之烦恼》中的主人公之一了。歌德每次失恋，都是凭借文学来摆脱精神痛苦的。

从以上这些名人的故事中我们可以看到失恋对一个人一生的价值所在。失恋者积极的态度会使“自我”得到更新和升华，全身心地投入到工作中去，许多失恋者因此而创造出了辉煌的成就。像歌德、贝多芬、罗曼·罗兰、诺贝尔、居里夫人、牛顿等历史名人，都曾饱受过失恋的痛苦。他们可谓是用奋斗的办法更新“自我”，积极转移失恋痛苦的楷模。

所以失恋并不是一件坏事，失恋的折磨可以激起你的斗志，增添你的力量，推动你不断向前！

家人的折磨对你是一种幸福

任何时候，家人对你的折磨都是一种磨砺，经过这个过程你将会朝着更圆满的方向发展。

折磨虽然痛苦，但这些痛苦只是暂时的，它最终将对你大有裨益，促使你更好地发展，最终走上成功的人生道路。

在赫德18岁那年的一个早上，父亲要赫德开车送他到20千米之外的一个地方。那时赫德刚学会开车，就非常高兴地答应了。

赫德开车把父亲送到目的地，约定下午3点再来接他，然后就去看电影了。等最后一部电影结束的时候，已经是下午5点了。赫德迟到了整整两个小时！

当赫德把车开到预先约定的地点时，父亲正坐在一个角落里耐心等待。赫德心里暗想，父亲如果知道自己一直在看电影，一定会非常生气。

赫德先是向父亲道歉，然后撒谎说，他本想早些过来的，但是车子出了一些问题，需要修理，维修站的工人们花了两个小时的时间修车。

父亲听后看了他一眼：那是赫德永远不会忘记的眼神。

“赫德，你认为必须对我撒谎吗？我感到很失望。”父亲说。

“哦，你说什么呀？我说的全是实话。”赫德争辩道。

父亲又一次看了他一眼，“当你没有按预约时间到达时，我就打电话给维修站，问车子是否出了问题，他们告诉我你没有去。所以，我知道车子根本没有问题。”一阵羞愧感顿时袭遍赫德的全身，他无可奈何地承认了看电影的事实。父亲专心地听着，悲伤掠过他的脸庞。“我很生气，不是生你的气，而是生我自己的气。我觉得作为一个父亲我很失败，因为你认为必须对我说谎，我养了一个甚至不能跟父亲说真话的儿子。我现在要步行回家，对我这些年来做错的一些事情好好反省。”

赫德的道歉，以及他后来所有的话都是徒劳的。

父亲开始沿着尘土飞扬的道路行走，赫德迅速地跳到车上紧跟着父亲，希望父亲可以回心转意停下来。赫德一路上都在忏悔，告诉父亲他是多么难过和抱歉，但是父亲根本不予理睬，独自一人默默地走着、沉默着、思索着，脸上写满了痛苦。

整整 20 千米的路程，赫德一直跟着父亲，时速大约为每小时 4 千米。

20 千米的路程里，看着父亲遭受肉体和情感上的双重折磨，这是赫德生命中最难过和痛苦的经历。然而，它同样是生命中最成功的一次教育。自此以后，赫德再也没有对父亲说过谎。

从故事中我们可以看到，父母对我们的教育在我们还未懂事的时候总觉得那是一种折磨，然而这种折磨往往是我们成长道路上的良言，有时候精神上的折磨比肉体上的折磨更能塑造一个人的灵魂。

不要在心中痛恨你的亲人，无论是师长还是父母，他们给你出的各种难题，都会成为你成长的绝好营养品。

折磨伴着你成长

生活中，很多人会给你出各种各样的难题，这些折磨是伴你成长的最好伴侣。

对一个年轻人而言，生活中的难题不是太多，而是越多越好。一个人的成长和这些难题有着莫大的关系，不要排斥这些难题，勇敢地忍受折磨，它将会伴你更好地成长。

张老师对大家要求很严，这让大家觉得他是个很凶的人。他的讲台上常放着一把宽约一寸、长约尺余的教鞭。教鞭的一头由于手的摩擦和汗水的浸泡，已由青泛黄，闪烁着光亮。另一头则被劈开两寸多长。这样打起手板来一夹一夹的，痛着呢！胆大的常偷偷把他的教鞭丢进茅厕和山林中。不想第二天他又找来一根一模一样的教鞭，让你怀疑这教鞭是不是被他发现后从山林里找回来的那一根。

说到教鞭，张刚就有恨。

那次，大队部放电影，张老师却说电影内容不适合同学们看，何况大家考期将至，要他们好好复习功课，不允许看电影，一经发现就打30下手板。张刚以为他与爸爸关系好，又是自己的本家，自己看电影是不会被打手板的，就偷偷去看了。谁知竟被他发觉了，张刚吓得拔脚便逃。

第二天，张刚极不情愿地举起手，张老师打手板时，劲用得十分大。他觉得一下一下打的不是手。一、二、三……刚打了十来下张刚的手就红彤彤的了。手缩了又缩。张老师却不讲情面地说，不许缩，缩了再加罚。他硬是把当时已泪流满面的张刚打了整整30下手板。为此，张刚开始记恨他起来。

后来，只要看到张老师愁眉苦脸的样子，张刚就高兴，他家发生了不愉快的事自己也会在一旁偷着乐。他家开始不是鸡少了一只，就是鸭跛了一只脚，不用说，那都是张刚干的好事。

读初中时，张刚开始了他的学画生涯。老师为了让他考个好学校，让他到市里去参加美术培训。张老师在得知他为学画培训费而苦恼时，将家里养的能卖的鸡鸭都卖了，为他筹了上百元的学费，还请张刚和他父亲到家里吃饭。

当看到他宰的是那只被自己打跛了脚的鸭子时，张刚的脸红了。张老师看了说："来，吃吃我弄的鸭子，原本想将它卖了换个油钱的，但婆婆说它会生蛋，一直舍不得卖。今天是个高兴的日子，说不定将来我们张家会出现一个大画家的。宰了这只鸭子，值得！"张刚一直将头低得很沉，不知是出于惭愧，还是感激，张刚的泪慢慢流了出来。

现在，张刚没成为画家，倒成了城里人，成了与张老师一样靠笔杆子吃饭的读书人。想起张老师的沉思状和他的教鞭，张刚就想起那只被打跛了脚的鸭子。

老师在学生的眼里，总是一副很严肃的样子，对学生过于严格，他们是在折磨学生，更是在用心栽培学生。在一个人的成长道路上，别忘了最应该感谢的人还有你的老师。

从内心选择幸福，人生才会阳光明媚

幸福本来就是一种选择，一个决定。你决定选择幸福，就可以找到幸福的理由。

得到快乐，与你住在多么高级的社区、有多么高薪的工作、多少休闲时间、多么显赫的头衔、多少名牌衣服、多么豪华的房车、多少银行存款全然没有关系。智者告诉我们，快乐是一种心境。古罗马哲学家锡尼卡也指出："认为自己命运悲惨，就会过得凄风苦雨。"

也许有人会问："人非要快乐才能生存吗？"当然不是。英国哲学家米尔说得好："没有快乐当然可以生存，人类几乎都是这么过的。"虽然人不一定要靠快乐才能活下去，但是任何东西都无法取代快乐。

何谓快乐？如何寻找快乐？大家的看法见仁见智，所以不要误以为别人心目中的快乐才叫快乐。不少人都相信，若是换个处境——告别单身，结婚成家；搬出小屋，迁入豪宅；淘汰老旧的车，换上崭新的名车；不去上班，改去度假——他们会快活得多。可是一旦换了环境，快乐却有可能不增反减，到头来他们又巴不得再变变花样。

从另一方面来说，满足现状的人遇到不同的境遇，也一样会感到快乐。无论生活处境如何，他们总会发现值得感谢的事物。富兰克林说："真正快乐的人，即使绕道而行，也懂得欣赏沿路风光。"这句话的意思就是：快乐的人遇到环境变迁，依然笑口常开。

结婚 25 年来，凯瑞和丈夫一直很恩爱。

"你知道，理查德给利丝买了一枚贵重的钻戒，利丝给他买了一件长毛皮大衣。"凯瑞说。

"住在这么热的地方，毛皮大衣有什么用？"丈夫笑着回答。

他开始收拾东西，凯瑞看着他。他们一起经历了 3 次破产，住过 5 所房子，养育了 3 个孩子，用过 9 辆汽车，有 23 件家具，度过 7 次旅行假期，换过 13 份工作，共有 18 个银行存折和 3 张信用卡。

凯瑞给他剪头发，掖好过 33488 次右边的衬衣领子；凯瑞每次怀孕时，丈夫都给她洗脚；有 18675 次在她用完车后，他把车子停到它该停的地方。他们共用牙膏、橱柜，共有账单和亲戚，同时，他们也相互分享友情和信任……

在结婚 25 周年纪念日，丈夫对凯瑞说："我给你准备了一件礼物。"

"什么？"她惊喜地问。

"闭上你的眼睛。"丈夫说。

当她睁开眼睛时，只见他捧着一棵养在泡菜坛子里的椰菜花。"我一直偷偷地养着它，叫孩子们看见，就该把它毁了。"他乐滋滋地说，"我知道你喜欢椰菜花。"

这时，一种甜蜜的幸福从凯瑞心中升起。

实际上，快乐和幸福只在你的感觉中。

你是否快乐，决定权在你，而不在老板、配偶、朋友、父母、社会或政府的身上。追求快乐是你的权利。一位智者说：“美国宪法并不保障人民的幸福，只保障人民追求幸福的权利，而幸福得靠自己去追求。”要不要快乐，有赖你的选择，但请务必把快乐看得比成功重要，因为成功不一定能带来快乐。

如果你时时刻刻都在寻找快乐，却总是空手而回。那就表示你找错了地方或方法不对，应当再多加留意你找过的场所，或调整方法。再强调一次，追求快乐，完全在自己，快乐可不会在乎你是否拥有它。无论是男是女、是高是矮、是富是贫、是单身还是已婚、是目不识丁还是饱学之士，能不能找到快乐，全靠自己。

第二节　永远保持一颗年轻的心

心里拥有阳光就会拥有机会

人的热情有时需要表现出来。比如笑一笑，就能把你内心的阳光挥洒到周围，就能给别人以热情的启示，同时也能为你自己带来成功的机会。

爱默生说：“热情是能量，没有热情，任何伟大的事情都不能完成。”热情其实是一种心态，完全由你自己来调配。冷漠地对待你现在的工作和生活，你得到的只能是别人的否定和更冷漠的目光；热情地对待你的工作和生活，你将会得到别人善意的肯定和赞许的目光。问题的关键还在于你自身，记住，心里拥有阳光的人就会拥有机会。

在进入这个香港人投资的家具厂之前，她先后干过不少工作——承包过农田，搞过运输，倒卖过袜子，还卖过雪糕。但是，都没有挣到钱。对于一个离了婚又带着孩子的女人来说，既没出众的长相，又无骄人的学历，生活的确不易。

她被分在材料车间，都是些杂活，但她还是十分珍惜，也干得格外卖力且出色。有一次，一个本地木材商因质量问题与公司发生激烈冲突，她主动请缨，最后把事情处理得非常妥帖，为公司挽回了大笔损失。她由此得到了老板的赏识，并第一次赢得额外奖金。

她高兴了很久。但是，现实马上将她拉回到愁眉苦脸的状态中——需要补充的是，她来这个公司已经大半年时间了，基本上没有露过笑脸。而且，天天穿着那套老旧的工作服，就更别提化妆打扮了。

后来，车间主任荣升为经理助理。在大家眼中，空缺的位置非她莫属。但是很意外地，老板提拔了另外一个人。老板把她叫去，说："你怎么每天都没有笑容呢？"她说："就咱们眼前这些活还需要笑吗？"老板忽然显得严肃起来："是的，依我看，确实是干什么都需要笑，你要是会微笑，付出同样的努力，就能比别人收获更多。相反，呆板会消损你的努力——我之所以把领班这个位置安排给另外一个人，就是因为她比你乐观。有时候，微笑也是一种力量啊……"

她开始试着用微笑来面对身边的一切，许多熟人见了，都惊叹她的改变，并欣慰于她日渐好转的处境。

充满热情的人喜欢时常露出笑容，故事中的"她"如果能充满热情，时常面带微笑，机会可能早就降临到她头上了。

热情是一笔珍贵的资产，无论知识、钱财或势力都比不上它。有的时候，热情不但有助于一个人在工作上给人留下印象，还能让一个人体验到生活的阳光。热情像一块磁石，能把周围的人吸引到你的身边，还能让周围的人感受到你精神的力量，感觉好像什么奇迹都能创造。充满热情的人都是性格开朗、笑口常开的人，他们喜欢帮助他人，所以无论到哪里都能受到欢迎。

热情的人性格都是阳光灿烂的，即使在遭遇危机或需要帮助的时候，也能转危为安，得到别人的帮助。相对冷漠的人，他们阴暗的态度让周围的人避之不及，他们的冷漠让他们失去了难得的机遇，关闭了属于自己的大门。一个对自己的工作都不够热情的人，是不可能取得好成绩的。

机会就在你的身边，但它需要你去努力争取，充满热情你才能拥有成功的机会。

永远保持一颗年轻的心

无论你现在是家藏万贯还是一无所有，你都要永远保持一颗年轻的心。

在这个世界上，儿童可说是最懂得享受幸福的专家了，而那些能够保有一颗赤子之心的人，才是最懂得幸福的人。能保持年轻人特有的幸福精神与要旨是相当难得而宝贵的。因此，若要永远保有幸福，我们绝对不可让自己的精神变得衰老、迟钝或疲倦，不可以失去纯真。

有位老师曾问她的学生："你幸福吗？"

"是的，我很幸福。"学生回答。

"经常都是幸福的吗？"老师再问道。

"对，我经常都是幸福的。"

"是什么使你感觉幸福呢？"老师继续问道。

"是什么我并不知道。但是，我真的很幸福。"

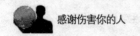

“一定是有什么事物才使得你幸福的吧？”老师继续追问着。

“是啊！我告诉你吧！我的伙伴们使我幸福，我喜欢他们。学校使我幸福，我喜欢上学，喜欢我的老师。还有，我喜欢上教堂，也喜欢上主日学校和其中的老师们。我爱姐姐和弟弟。我也爱爸爸和妈妈，因为爸妈在我生病时关心我。爸妈是爱我的，而且对我很好。”

老师认为在她的回答中，一切都已齐备了——和她玩耍的朋友（这是她的伙伴）、学校（这是她读书的地方）、教会和她的主日学校（这是她做礼拜之处）、姐弟和父母（这是她以爱为中心的家庭生活圈）。这是具有极单纯形态的幸福，而人们最高的生活幸福亦莫不与这些因素息息相关。

老师又向一群少男、少女提出过相同的问题，并且请他们把自认为“最幸福的是什么”一一写下来。他们的回答益发令人觉得感动。少男们的回答是这样的：

“有一只雁子在飞，把头探入水中，而水是清澈的；因船身前行，而分拨开来的水流；跑得飞快的列车；吊起重物的工程起重机；小狗的眼睛；好玩的玩具……”

以下则是少女们对于“什么东西使她们幸福”的回答：

“倒映在河上的街灯；从树叶间隙能够看得到红色的屋顶；烟囱中冉冉升起的烟；红色的天鹅绒；从云间透出光亮的月亮……”

虽然这些答案中并没有充分表现出完整性，但无疑却存有某些美的精华。想要成为幸福的人，重要的秘诀便是：拥有清澈的心灵，可以在平凡中窥见浪漫的眼神，以及一颗赤子之心。

在这个世界上，你一定要永远保持一颗赤子之心，这样就会少一些烦躁和浮华，多一分稳重和扎实。成功多半属于后者，只要你能坚守年轻，成功就不会离你太远。

超越人生的痛苦

人生中经历一些痛苦在所难免，不要被痛苦牵扯你前进的精力。超越人生的痛苦，你就能有一个好的收获。

如果我们能理智地对待很多境界和环境，就都可以找到它们的平衡点。人们经常会有这样的忠告：不要害怕失败和逆境。多年来，人们一直以为，害怕失败和逆境始终是人类最大的弱点之一。

李斯特曾说过："失败曾是我最大的动力来源。就像想到破产一样，我就会心生警惕，告诉自己要尽力让业绩蒸蒸日上。"

他的这番话给我们很大的启示。所以，我们要修正自己的观念。其实，害怕失败和逆境并没有错，但如果是一再地想象失败，就对人生太没益处了。作为一个想要成功的人，必须超越失败，超越人生的痛苦。

一位老人在晚年罹患了关节炎，苦不堪言。后来病情加剧，以至于行走都很困难，从此拐杖和轮椅便和她形影不离。即使如此，她还是用积极的态度和乐观的眼光看待周围所有的事物。她的房间总是满载着笑声，而访客还是如旧时一般络绎不绝。有时候，她想在床上多躺一会儿，于是，她的孙子们——4 个不到 10 岁的小男孩就到她房里去围在床边。这时，她会说故事给其中一个听，与另一个玩扑克牌，再和一个玩游戏，同时，哄另一个睡觉。最令人钦佩的是，她从不将自身的痛苦或烦扰变成家人的负担。到后来，病情变得更加糟糕，但她总是说："这把老骨头今天总算有点起色了。"她积极又乐观的态度，就好像磁铁，吸引了所有的人，让人不由自主地在她身旁流连。这位老人的内心一定承受着巨大的痛苦，但她什么也不说，将痛苦压在身下，以笑脸面对生活，生活也给她以最大的馈赠。

超越人生痛苦是人生的快乐秘籍，在使你的生活充满欢乐的同时，还能帮你造就卓越的成就。所以，若想成功，就得具备这种态度。

失败、挫折，甚至苦难都会不停地侵蚀一个人的心灵，痛苦可想而知，但一个人不能永远只把目光停留在痛苦之上。一个眼中只有痛苦的人，不会有什么出息，一个人若想在有生之年有所作为，必须超越人生的痛苦，站在更高的台阶上俯视一切，这样才能找准方向，一往直前。

剔除生命的碎屑

人的生命，只有经过雕琢之后，才能趋于完美。渴求成功的你，必须不断剔除生命的碎屑。

一块初出深山的顽石，只有经过玉匠仔细的雕琢打磨之后，才能成为无价的美玉。一个人又何尝不是这样呢？若不去除身上那些斑斑点点的碎屑，又怎么能够使自己的生命升华呢？

古书中曾记载过这样一则关于孔子的故事：

孔子年轻的时候，很喜欢到他隔壁的邻居家去。他的邻居是一位技艺精湛的老石匠，一块块岩石经过他的刻凿，便成了千姿百态、栩栩如生的花鸟石刻。

一天，孔子又踱至邻家，那个老石匠正叮叮当当地为鲁国一位已故大夫刻石铭碑。孔子叹息道：“有人淡如云影，来去无痕，有人却把自己活进了碑石，活进了史册里，这样的人真是不虚此生啊！”

老石匠停下锤，问孔子说：“你是想一生虚如云影，还是想把自己的名字刻进石碑、流芳千古？”

孔子长叹一声说：“一介草木之人，想把自己刻到一代一代人的心里，那不是比登天还难吗？”老石匠听了，摇摇头说：“其实并不难啊！”他指着一块坚硬又平滑的石块说：“要把这块石坯刻成碑铭，就要雕琢它。”老石匠说完，就一手握凿一手拿锤叮叮当当地凿起来，一块块石屑很快在锤子清脆的敲击声中飞起来。不一会儿，岩石上便现出了一朵栩栩如生的莲花图案。老石匠说：“如果想使这个图案不容易被风雨抹平，那就要凿得更深些，要剔掉更多的石屑。只有剔凿掉许多不必要的石屑，才能成为碑铭。”

如果我们是一块不甘平庸的石头，那么就必须忍受折磨，去经受挫折、困难和失败等生活磨难的雕琢，去掉生命中那些劣质、腐朽的东西，只留下精华，生命才会更加完美。

如果我们不甘折磨，不剔除那些碎屑，天长日久，那些劣质的东西就会不断侵蚀一个人的美好部分，最终将精华淹没，甚至自己还可能成为害群之马，社会的祸端。

剔除你生命的碎屑，走向完美吧！因为这生命你只有一次。

清扫你心灵的垃圾

心灵就像一泓幽泉，如果你不时常清扫它周围的垃圾，那泉水就会变得污浊。

《王阳明全书》里记载了这样一个故事：有一个名叫杨茂的人，是个聋哑人，阳明先生不懂得手语，只好跟他用笔谈。阳明先生首先问：“你的耳朵能听到是非吗？”答：“不能，因为我是个聋子。”问：“你的嘴巴能够讲是非吗？”答：“不能，因为我是个哑巴。”又问：“那你的心知道是非吗？”但见杨茂高兴得不得了，指天画地地回答："能、能、能。"

于是阳明先生就对他说："你的耳朵不能听是非，省了多少闲是非；口不能说是非，又省了多少闲是非；你的心知道是非就够了。倒有许多人，耳能听是非，口能说是非，眼能见是非，心还未必知道是非呢！"

其实，在生活中，我们有很多的是非都是听来的，人家第一句话，就叫你暴跳如雷，第二句话就叫你泪流成河，那人家岂不成了导演，而我们也就当了演员。还有很多的是非，都是说出来的，所谓"病从口入，祸从口出"。哪怕两片薄薄的嘴唇，都会把人间搞得乌烟瘴气、鸡犬不宁。可见很多的是非都是听来的，都是说出来的。

很多时候，你人生的痛苦就是因为你太执着，看不开、也放不下，自然把自己给困缚住而不得解脱，若能看开了、放下了就不至于如此。

如何创造幸福人生呢？那些生活中的"是非"在心灵中堆积太多，便会形成垃圾，要想创造一个圆满而幸福的人生，必须将这些垃圾清扫出去。

快乐是要自己快乐，让别人来分享你的快乐，每天早上垃圾车来把垃圾全部带走，有形垃圾容易处理，无形的垃圾最难处理；什么是真正的垃圾呢？怨、恨、恼、怒、烦，这才是真正的垃圾，假若今天你把这些垃圾请垃圾车全部带走，你今天就没有垃圾了。也就是说，只要你每天清扫心灵的垃圾，你就能得到幸福和快乐。

每天给自己一个希望

绝不能放弃希望，不但如此，还要每天都给自己一个希望。

只有希望不断，你才能有源源不断的力量，才能追求到更美好的明天。

在这个世界上，有许多事情是我们难以预料的。但只要活着，就有希望。

1942年寒冬，纳粹集中营内，一个孤独的男孩正从铁栏杆向外张望。恰好此时，一个女孩从集中营前经过。看得出，那女孩同样也被男孩的出现所吸引。为了表达她内心的情感，她将一个红苹果扔进铁栏。一只象征生命、希望和爱情的红苹果。

男孩弯腰拾起那个红苹果，一束光照亮了他那尘封已久的心田。第二天，男孩又到铁栏边，尽管为自己的做法感到可笑和不可思议，他还是倚栏而望，企盼她的到来，年轻的女孩同样渴望能再见到那令她心醉的不幸的身影。于是，她来了，手里拿着红苹果。

接下来的那天，寒风凛冽雪花纷飞。两位年轻人仍然如期相约，通过那个红苹果在铁栏的两侧传递融融暖意。

这动人的情景又持续了好几天。铁栏内外两颗年轻的心天天渴望重逢：即使只是一小会儿，即使只有几句话。

终于，铁栏会面潸然落幕。这一天，男孩眉头紧锁地对心爱的姑娘说："明天你就不用再来了。他们将把我转到另一个集中营去。"说完，他便转身而去，连回头再看一眼的勇气都没有。

从此以后，每当痛苦来临，女孩那恬静的身影便会出现在他的脑海中。她的明眸，她的关怀，她的红苹果，所有这些都在漫漫长夜给他带来慰藉，带来温暖。战争中，他的家人惨遭杀害，他所认识的亲人都不复存在。唯有这女孩的音容笑貌留存心底，给予他生的希望。

1957年的某天，美国。两位成年移民无意中坐到一起。"大战时您在何处？”女士问道。“那时我被关在德国的一个集中营里。”男士答道。

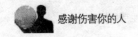

“哦！我曾向一位被关在德国集中营里的男孩递过苹果。”女士回忆道。

男士猛吃一惊，他问道：“那男孩是不是有一天曾对你说，明天你就不用再来了，他将被转到另一个集中营去？”

“啊！是的。可您是怎么知道的？”

男士盯着她的眼：“那就是我。”

好一阵沉默。

“从那时起，”男士说道，“我再也不想失去你。愿意嫁给我吗？”

“愿意。”她说。

他们紧紧地拥抱。

1996年情人节。在温弗利主持的一个向全美播出的节目中，故事的男主人公在现场向人们表达了他对妻子40年忠贞不渝的爱。

“在纳粹集中营，”他说，“你的爱温暖了我，这些年来，是你的爱，使我获得滋养。可我现在仍如饥似渴，企盼你的爱能伴我到永远。”

每天给自己一个希望，就是给自己一个目标，给自己一点信心。希望是什么？是引爆生命潜能的导火索，是激发生命激情的催化剂。每天给自己一个希望，我们将活得生机勃勃、激昂澎湃，哪里还有时间去叹息、去悲哀，将生命浪费在一些无聊的小事上？生命是有限的，但希望是无限的，只要不忘每天给自己一个希望，我们就一定能拥有一个丰富多彩的人生。

心向太阳，你就不会悲伤

人生面临着很多选择，但最重要的是心态的选择。

黎巴嫩著名诗人纪伯伦曾写过这样的诗句："当你背对太阳的时候，你只能看到自己的阴影。"人无法改变世界的时候，不妨改变自己的心态。

杰克是英国一家餐厅的经理，他总是有好心情，当别人问他最近过得如何，他总是有好消息可以说。

当他换工作的时候，许多服务生都跟着他从这家餐厅换到另一家。为什么呢？因为杰克是个天生的激励者，如果有某位员工今天运气不好，杰克总是适时地告诉那位员工往好的方面想。

有人问他："没有人能够总是这样积极乐观，你是怎么做到的？"

杰克回答说："每天早上起来我告诉自己，今天有两种选择，可以选择好心情，或者选择坏心情，我总是选择好心情。即使有不好的事发生，我可以选择做个受害者，或是选择从中学习，我总是选择从中学习。每当有人跑来跟我抱怨，我可以选择接受抱怨或者指出生命的光明面，我总是选择指出生命的光明面。"

杰克接着说："生命就是一连串的选择，每个状况都是一个选择，你选择如何应付，选择人们如何影响你的心情，选择处于好心情或是坏心情，选择如何过你的生活。"

杰克做了一件令大家意想不到的事：

有一天他忘记关上餐厅的后门，结果第二天早上有 3 个武装歹徒闯入餐厅抢劫。他们威胁杰克打开保险箱，由于过度紧张，杰克弄错了一个号码，造成劫匪的惊慌，开枪射击杰克。幸运的是杰克很快被邻居发现，送到医院紧急抢救，经过 18 个小时的外科手术，杰克终于脱险了，但还有颗子弹留在他身上。

后来有人问他当劫匪闯入的时候，他想到了什么。

杰克说："我第一件想到的事情是我应该锁后门，当他们击中我之后，我躺在地板上，还记得我有两个选择：我可以选择生，或选择死——我选择活下去。"

杰克继续说："医护人员真了不起，他们一直告诉我没事，让我放心。但是在他们将我推入紧急手术间的路上，我看到医生和护士脸上忧虑的神情，我真的被吓坏了，他们的眼神好像写着——他已经是个死人了，我知道我需要采取行动。"

"当时你做了什么？"有人问。

杰克说："嗯！当时有个护士用吼叫的音量问我一个问题——她问我是否会对什么东西过敏。

"我回答：'有。'

"这时医生跟护士都停下来等待我的回答。

"我深深地吸了一口气，喊道：'子弹。'

"这时医生和护士都在笑，脸上的忧虑神情都渐渐消失了，听他们笑完之后，我告诉他们：'我现在选择活下去，请把我当作一个活生生的人来开刀，而不是一个死人。'"

杰克能活下去当然要归功于医生的精湛医术，但同时也是由于他令人惊异的乐观态度。

人生面临着很多选择，但最重要的是心态的选择。是选择享受生命，还是选择煎熬生命；是选择好心情，还是选择坏心情。这是一个属于你的权利，因为你是生活的主人。无论什么时候，都要心向太阳，这样你就永远不会有悲伤的时刻。

努力塑造一个最好的“我”

一个人一生都在做的一件事就是，努力塑造一个最好的“我”，只要你能做好这件事，你就一定能够获得成功。

在美国西部，有个天然的大洞穴，它的美丽和壮观出乎人们的想象。但是这个大洞穴一直没有被人发现，没有人知道它的存在。直到有一天，一个牧童偶然发现了洞穴的入口，从此，新墨西哥州的绿色洞穴成为世界闻名的胜地。

据科学研究表明，我们每个人都有140亿个脑细胞，一个人只利用了肉体和心智能源的极小部分。若与人的潜力相比，我们只是半醒状态，还有许多未发现的“绿色洞穴”。正如美国诗人惠特曼诗中所说：

我，我要比我想象的更大、更美
在我的，在我的体内
我竟不知道包含这么多美丽
这么多动人之处……

人是万物的灵长，是宇宙的精华，我们每个人都具有发扬生命的本能。为“生命本能”效力的就是人体内的创造机能，它能创造人间的奇迹，也能创造一个最好的“我”。

我们每个人心里都有一幅“心理蓝图”或一幅自画像，有人称它为“自我心像”。“自我心像”有如电脑程序，直接影响它的运作结果。如果你的“心像”想的是做最好的你，那么你就会在你内心的“荧光屏”上看到一个踌躇满志、不断进取的自我。同时，还会经常听到“我做得很好，我以后还会做得更好”之类的信息,这样你注定会成为一个最好的你。美国哲学家爱默生说:“人的一生正如他所设想的那样,你怎样想象,怎样期待,就有怎样的人生。”

美国赫赫有名的钢铁大王安德鲁·卡内基就是一个能充分发挥自己创造机能的楷模。他12岁时随家人由苏格兰移居美国,最初在一家纺织厂当工人,当时,他的目标是决心“做全工厂最出色的工人”。因为他经常这样想,也是这样做的,最后他果真成为全工厂最优秀的工人。后来命运又安排他当邮递员,他想的是怎样“做全美最杰出的邮递员”,结果他的这一目标也实现了。他的一生总是根据自己所处的环境和地位塑造最佳的自己,他的座右铭是:“做一个最好的自己。”

只要你坚定一个信念,努力去塑造自己,做到最好,你就会在不知不觉中超越众人,获得卓越的成功。

永远保持积极的心态

记住,你唯一的限制就是在你的脑海中为自己所设立的那个限制。

生活在困境之中,没有找到工作,这时你悲观绝望吗?显然不行。那样只会使你变得更糟。

成功学大师拿破仑·希尔说,一个人能否成功,关键在于他的心态。我们所处的人生境遇往往决定于自己的生活态度。研究表明,成功人士与失败人士的很大差别在于成功人士拥有阳光的心态,而阳光的心态才是梦想开始的地方。为自己的心灵找一个舒适的心灵角度吧,这是成功和幸福入住的条件。

一个年轻人和一个老年人分别要在夜晚不同的时间里,穿过一处阴森的树林。

走之前，他俩都听说这树林里出现过一只狼，那是附近一座山上跑下来的。但这只狼是否还在那里，谁也不知道。

老年人临行前，别人劝他还是不去为好，可老人说："我已经与树林那边的人约好了，今晚无论如何要赶到。再说，反正我已经 60 多岁了，让狼吃了也没什么了不起。"

于是，老人走了，他准备了一根木棍、一把斧头，很快走进了树林。几个小时后，当老人走出树林时，他已经精疲力竭，灯光下人们看见老人身上有许多血迹。

年轻人临行前，别人也同样劝他别去，年轻人犹豫了一下，他想："老人都去了，我若退缩的话多没面子。"于是，他学着老人的话说："我也已经与树林那边的人约好了，怎能不去呢？"

接着又说："要是那老人和我一起走，该多好啊！毕竟两个人安全些，我还年轻，以后的日子还长着呢！"说这话的时候，年轻人因害怕而浑身发抖。

那晚他也走进了树林，但人们却没能见到他到达树林的那边。天亮的时候，人们只在那片树林里，见到一堆新鲜的骨头。

故事中年轻人悲惨结局的原因就在于他是持一种消极的心态，在遇到狼以前，就已经否定了自己。由此可见，建立一种积极的心态才是成功的关键。

很多时候大部分人之所以不成功，是因为他们不"想"成功，或者说他们不具备成功者的心态。知识与才能是成功的发动机，而积极的心态则是发动机中的润滑油。通过对大量成功者的研究，我们可以看到，几乎所有的成功者都表现出一个共同的特征，那就是积极的心态。

有的人仿佛天生就具备积极乐观、善于自我激励等特征，而有的人则是经过苦难的磨砺主动地培养了积极的个性。没有什么比积极的心态更能使一个平凡的人走上成功的道路。从这个角度讲，积极的心态是成功理论中重要原则之一。如果你已具有积极的心态，那么恭喜你；如果你能培养积极的心态，那么你也必定能走向成功。

世界的颜色由你自己来决定

既然世界的变化完全是由自己的感觉来决定的，那么，何不让自己永远保持好的感觉呢？

世界是快乐的还是悲伤的，是多彩的还是单调的，关键还在于你怎么看。

安德烈在小时候，不知道从哪儿得到了一堆各种颜色的镜片，他总是喜欢用这些有颜色的镜片遮挡眼睛，站在窗台上看窗外的风景。用粉红色的镜片，面前的世界便是一片粉红色；用蓝色的镜片，眼前就是一片蓝色；当用黄色的镜片的时候，世界也变成黄色的啦！显然，用不同的镜片去看眼前的世界，世界便会给他不同的颜色。

这只是小时候所发生的一件事情。后来安德烈渐渐长大，每当遇到不高兴的事情时，他总是会自然地想起这件事情。他总是对自己说："世界其实没什么不同，我可以决定这个世界的颜色啊！"

故事中的小男孩给了那些忍受折磨的人以很好的启示，既然你不能改变一些无法改变的东西，那就不妨改变一下自己吧。

世界的色彩因我们内心情绪的变化而变化。让自己快乐没有什么不对。我们为何不用快乐的情绪面对眼前的一切，让我们的世界充满快乐呢？

第三节 转换情绪，生活就会充满乐趣

把怒气转嫁到小事上

如果怒气不可避免，那就将怒气转移吧。这样，你才能不被怒气所累。

生活中，我们常会看到这样的情形：司机因为交通堵塞而满脸怒色，公共汽车上两人因为碰撞而口角……此种情形，举不胜举。那么你呢？是否动辄勃然大怒？是否让发怒成为你生活中的一部分？是否知道这种情绪根本无济于事？也许你会为自己的暴躁脾气而大加辩护："人嘛，总有生气发火的时候，我要不把肚子里的火发出来，非得憋死不可。"在这种借口之下，你不时地自我生气，也冲着他人生气，你似乎成了一个愤怒之人。

其实，并非人人都会不时地表露出自己的愤怒情绪，愤怒这一习惯行为可能连你自己也不喜欢，更不用问他人感觉如何了。因此，你大可不必对它留恋不舍，它不能帮助你解决任何问题。任何一个精神愉快、有所作为的人都不会让它跟随自己。愤怒情绪是一个误区，是一种心理病毒，要想使自己走上良性发展的道路，就不能不妥善处理怒气。

发怒固然有损健康，但怒而不泄同样对健康无益。英国一位权威心理学家认为，积贮在心中的怒气就像一种势能，若不及时加以释放，就会像定时炸弹一样爆发，可能会酿成大祸。正确的态度是疏泄怒气，适度释放。学会把怒气转移到他处，不但能使自己的生存环境变得更好，更对自己的身体健康有莫大的裨益。

毕林斯先生曾任全美煤气公司总经理达 30 年之久。他在总经理任期内，给人最深刻的印象，就是他对于许多小事常常会大发脾气，对于那些重大事情反而镇静异常。

例如，有一次，他乘车回家，下车时，把一盒雪茄落在车里了，不久他记起来，再返身去找，但早已不见了。

这包雪茄的价值，不过是5美分一支，对他而言真可算是微乎其微的损失。但他竟因此而气得面红耳赤、暴跳如雷，以致旁观者都以为他失去的是一件盖世无双的宝物。后来有一次，他凭空遭遇了10万倍于那次的损失，但他却反而镇定得若无其事。

那是全世界闹着经济恐慌的年代，毕林斯先生有好几天因为卧病在床，没有去公司办公。就在这几天里，有一家银行倒闭了，他凑巧在这家银行里有3万块钱的存款，结果竟成了“呆账”。等到他病愈后，听到这个消息，却只伸手搔了搔头，然后沉思了一会儿，便说：“算了，算了。”

把怒气转移到他处是一种良好的处事途径，遇到一些感觉不快的小事时，尽管发泄你的怒气，直到你的心境完全恢复舒坦为止。因为这样可以使你永远保持开朗镇定的情绪，一旦遇到大事发生，就可以用全部精神从容地应付。否则，不论事情大小，遇到气便积在心里，等到面临更大的打击时，你堆积多时的大小怒气，便都将如爆裂的气球一样，冲破了理智的范围，变得毫无自制的能力了。

更重要的是，怒气发泄后，就必须立即把心情宽松下来，这样你的怒气才算没有白白发作。反之，如果你发作后，仍然把这事牢记在心，不肯忘却，那你所获得的结果，一定将糟到不堪想象的地步，而且到处都难与人相处。

在你的日常生活中，如果对某件事情感到愤怒时，最明智的方法是回到房间里静静地坐一会儿，甚至躺一会儿，或是到乡下去散散步，到各种娱乐场所去玩玩把怒气转嫁到小事上。总之，你必须用一切方法来解除你的烦恼，直到你的心情恢复平静为止。

操纵好情绪的转换器

喜怒哀乐，乃人之常情，无可非议，但如果不能很好地加以控制，听之任之，则会成为人生成功的一大障碍。

生活之中，我们感受周围的事物，形成我们的观念，作出我们的判断，无一不是由我们的心灵来进行。然而，不好的情绪常常折磨我们的心灵，使我们出现种种偏差。因此，成功的人能成功地驾驭情绪，而失败的人让情绪驾驭，把许多稍纵即逝的机会白白浪费。

一名初登歌坛的歌手，满怀信心地把自制的录音带寄给某位知名制作人。然后，他就日夜守候在电话机旁等候回音。第 1 天，他因为满怀期望，所以情绪极好，逢人就大谈抱负。第 17 天，他因为情况不明，所以情绪起伏，胡乱骂人。第 37 天，他因为前程未卜，所以情绪低落，闷不吭声。第 57 天，他因为期望落空，所以情绪坏透，拿起电话就骂人。没想到电话正是那位知名制作人打来的。他为此而毁了希望，自断了前程。

覆水难收，徒悔无益。据说一位很有名气的心理学教师，一天给学生上课时拿出一只十分精美的咖啡杯，当学生们正在赞美这只杯子的独特造型时，教师故意装出失手的样子，咖啡杯掉在水泥地上成了碎片，这时学生中不断发出惋惜声。

教师指着咖啡杯的碎片说："你们一定对这只杯子感到惋惜，可是这种惋惜也无法使咖啡杯再恢复原形。如果今后在你们生活中发生了无可挽回的事时，请记住这破碎的咖啡杯。"

这是一堂很成功的素质教育课，学生们通过摔碎的咖啡杯懂得了，人在无法改变失败和不幸的厄运时，要学会接受它，适应它。

被称为世界剧坛女王的拉莎·贝纳尔，就是这位心理学教师的得意门生。她在一次横渡大西洋途中，突遇风暴，不幸在甲板上摔倒，足部受了重伤。当她被推进手术室，面临锯腿的厄运时，她突然念起自己所演过的一段台词。记者们以为她是为了缓和一下自己的紧张情绪，可她说："不是的！是为了给医生和护士们打气。你瞧，他们不是太正儿八经了吗？"

威廉·詹姆斯说："完全接受已经发生的事，这是克服不幸的第一步。"接受无法抗拒的事实，既然是第一步，那么有没有第二步？有。拉莎手术圆满成功后，她虽然不能再演戏了，但她还能讲演。她的讲演，使她的戏迷再次为她而鼓掌。

拉莎·贝纳尔在面对无法抗拒的灾难时，能跳出焦虑、悲伤的圈子，又跨上一个新的里程，这就是他们的情绪"转换器"在起作用。

任何人遇上灾难，情绪都会受到影响，这时一定要操纵好情绪的转换器。面对无法改变的不幸或无能为力的事，就抬起头来，对天大喊："这没有什么了不起，它不可能打败我。"或者耸耸肩，默默地告诉自己："忘掉它吧，这一切都会过去！"

情绪是可以调适的，只要你操纵好情绪的转换器，随时提醒自己，鼓励自己，你就能让自己常常有好情绪。那么，当坏情绪突然来临时，如何调适，操纵好情绪的转换器呢？

下面的方法可以供你参考：

散散步，把不满的情绪发泄在散步上，尽量使心境平和，在平和的心境下，情绪就会慢慢缓和而轻松。

最好的办法是用繁忙的工作去补充、转换，也可以通过参加有兴趣的活动去补充、去转换。如果这时有新的思想、新的意识突然冒出来，那些就是最佳的补充和最佳的转换。

一个能控制自己情绪的人，就是一个能够把握自己命运的人。这种巨大的力量可以实现他的期待，达到他的目标。如果一个人能够掌握好情绪的转移，并引导自己朝着目标前进，那么所要面对的一切困难，都会迎刃而解。

做自己情绪的主人

做情绪的主人而不是被情绪控制，才能在任何情况下都保持冷静的状态，迎接挑战，走向成功。

情绪化是建立平常心的大敌。只有控制住自己的情绪，做自己情绪的主人，才能树立良好的平常心态，才能在面对别人对自己的不公或折磨之时控制好自己，并最终通过努力获得成功。

有一对年轻的情侣，女孩很漂亮，非常善解人意，偶尔出些坏点子耍耍男孩。男孩很聪明，也很懂事，最主要的一点是幽默感很强，总能在两个人相处中找到可以逗女孩开心的方法，女孩很喜欢男孩这种乐天派的心情。

他们一直相处不错，女孩对男孩的感觉，淡淡的，说男孩像自己的亲人。男孩对女孩的爱很深，非常非常在乎她。所以每当吵架的时候，男孩都会说是自己不好，是自己的错，即使有时候真的不怪他，他也这么说，他不想让女孩生气。

就这样过了 5 年，男孩仍然非常爱女孩，像当初一样。

有一个周末，女孩出门办事，男孩本来打算去找女孩，但是一听说她有事，就打消了这个念头。他在家里待了一天，没有联系女孩，他觉得女孩一直在忙，自己不好去打扰她。

谁知女孩在忙的时候，还想着男孩，可是一天没有接到男孩的信息，她很生气。晚上回家后，发了条信息给男孩，话说得很重，甚至提到了分手。当时是晚上 12 点。

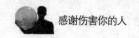

男孩心急如焚，打女孩手机，连续打了 3 次，都被女孩挂断了。打家里电话没人接，猜想是女孩把电话线拔了。男孩抓起衣服就出门了，他要去女孩家。当时是深夜 12 点 25 分。

女孩在 12 点 35 分的时候又接到了男孩的电话，从手机打来的，她又给挂断了。

一夜无话，男孩没有再给女孩打电话。

第二天，女孩接到男孩母亲的电话，电话那边声泪俱下。男孩昨晚出了车祸。警方说是车速过快导致刹车不及，撞到了一辆坏在半路的大货车。救护车到的时候，人已经不行了。

女孩心痛到哭不出来，可是再后悔也没有用了，她只能从点滴的回忆中来怀念男孩带给她的欢乐和幸福。

女孩强忍悲痛来到了事故现场，她想看看男孩待过的最后的地方。车已经撞得完全不成样子，方向盘上、仪表盘上，还沾有男孩的血迹。

男孩的母亲把男孩身上的遗物给了女孩，钱包、手表，还有那部沾满了男孩鲜血的手机。女孩打开钱包，里面有她的照片，血渍浸透了大半张。

当女孩拿起男孩手表的时候，赫然发现，手表的指针停在 12 点 35 分。

女孩瞬间明白了，男孩在出事后还用最后一丝力气给她打电话，而她自己却因为还在赌气没有接。男孩再也没有力气去拨第二遍电话了，他带着对女孩的无限眷恋和内疚走了。女孩永远不知道男孩想和她说的最后一句话是什么，女孩也明白，不会再有人说什么了……

其实，我们很多时候也是经常因情绪的一点点波动，而造成了不该有的后果。那个女孩如果能够控制自己的情绪，男孩也不会在匆忙之中遭遇车祸。因此，我们每个人都要学会控制自己的情绪，做情绪的主人。

情绪是人对事物的一种表面的、直接的、感性的情感反应。它往往只从维护情感主体的自尊和利益出发，不对事物做复杂、深远和智谋的考虑，这样的结果，常使自己处于很不利的位置或为他人所利用。本来，情感离智谋就已距离很远了，情绪更是情感的最表面部分、最浮躁部分，顺着情绪做事，结果一般不会很理想。

一个渴望成功的人，尤其是当他处在不顺的环境中时，更应该控制自我情绪，这样才能走向成功。

冷静方显大勇气

在危难时刻能够保持冷静，从容地面对，这才是真正的勇气。

也许，就在此刻，你的人生遇到了难以形容的危机，它将决定你今生的成就到底有多大，或者预示着你以后幸福与否。在这样的时刻，保持一颗冷静的心，比任何办法都更有效。唯有冷静，你的头脑才能保持清醒，你的生命潜能才能得到自由发挥，最终经过努力，事情会朝着有利于你的方向发展。

这是一个在印度广为流传的故事，故事的发生地就在印度。一对英国夫妇在家中举办一次丰盛的宴会，地点设在他们宽敞的餐厅里，那儿铺着明亮的大理石地板，房顶吊着不加任何修饰的椽子，出口处是一扇通向走廊的玻璃门。客人中有当地的陆军军官、政府官员及其夫人，另外还有一名美国自然学家。

午餐中，一位年轻女士同一位上校进行了激烈的辩论。这位女士的观点是如今的妇女已经有所进步，不再像以前那样，一见到老鼠就从椅子上跳起来。可上校却认为妇女们没有什么改变，他说:“不论碰到任何危险，妇女们总是一声尖叫，然后惊慌失措。而男士们碰到相同情形时，虽也有类似的感觉，但他们却多了一点儿勇气，能够适时地控制自己，冷静对待。可见，男士的这点勇气是最重要的。”

那位美国学者没有加入这次辩论，他默默地坐在一旁，仔细观察着在座的每一位。这时，他发现女主人露出奇怪的表情，两眼直视前方，显得十分紧张。很快，她招手叫来身后的一位男仆，对其一番耳语。仆人的双眼露出惊恐之色，他很快离开了房间。

除了美国学者，没有其他客人发现这一细节，当然也就没有其他人看到那位仆人把一碗牛奶放在门外的走廊上。

美国学者突然一惊。在印度，地上放一碗牛奶只代表一个意思，即引诱一条蛇。也就是说，这间房子里肯定有一条毒蛇。他首先抬头看屋顶，那里是毒蛇经常出没的地方，可现在那儿光秃秃的，什么也没有；再看饭厅的四个角，前三个角落都空空如也，第四个角落也站满了仆人，正忙着上菜下菜；现在只剩下最后一个地方他还没看了，那就是坐满客人的餐桌下面。

美国学者的第一反应便是向后跳出去，同时警告其他人。但他转念一想，这样肯定就会惊动桌下的毒蛇，而受惊的毒蛇很容易咬人。于是他一动不动，迅速地向大家说了一段话，语气十分严肃，以至于大家都安静了下来。

“我想试一试在座诸位的控制力有多大。我从1数到300，这会花去5分钟，这段时间里，谁都不能动一下，否则就罚他50个卢比。预备，开始！”

美国学者不急不忙地数着数，餐桌上的20个人，全都像雕像一样一动不动。当数到288时，学者终于看见一条眼镜蛇向门外的牛奶爬去。他飞快地跑过去，把通向走廊的门一下子关上。蛇被关在了外面，室内立即发出一片尖叫声。

“上校，事实证实了你的观点。”男主人这时感叹道，“正是一个男人，刚才给我们做出了从容镇定的榜样。”

“且慢！”美国学者说，然后转身朝向女主人，“温兹女士，你是怎么发现屋里有条蛇的呢？”

女主人脸上露出一抹浅浅的微笑，说：“因为它从我的脚背上爬了过去。”

在那样的危急时刻，女主人和美国学者所表现出来的冷静和勇气值得我们尊敬。在生活中，每个人都可能遇到许多意外的事情。这时，能保持一颗冷静镇定的心去应付一切，是多么难能可贵。

冷静处事，是一个人素质的体现，也是情感睿智的反映。冷静是知识、智慧的独到涵养，更是理性、大度的深刻感悟。面对着一个高速发展的物质世界，我们必须具备人性的成熟美。否则，就是成功送到我们面前，还是难免在毛躁中遭遇失败。

不要为小事抓狂

为小事而抓狂，是很多人都有的情绪，也正是因为这样，往往会因小而失大。学会控制自己的情绪，你才能成为胜利者。

在非洲草原上，有一种不起眼的动物叫吸血蝙蝠，它的身体极小，却是野马的天敌。这种蝙蝠靠吸动物的血生存。在攻击野马时，它常附在野马腿上，用锋利的牙齿迅速、敏捷地刺入野马腿，然后用尖尖的嘴吸食血液。无论野马怎么狂奔、暴跳，都无法驱逐这种蝙蝠，蝙蝠可以从容地吸附在野马身上，直到吸饱才满意而去。野马往往是在暴怒、狂奔、流血中无奈地死去。

动物学家们百思不得其解，小小的吸血蝙蝠怎么会让庞大的野马毙命呢?

于是，他们进行了一次试验，观察野马死亡的整个过程。结果发现，吸血蝙蝠所吸的血量是微不足道的，远远不会使野马毙命。动物学家们在分析这一问题时，一致认为野马的死亡是它暴躁的习性和狂奔而使自身大量失血所致，而不是被蝙蝠吸血而死。

一个心智成熟的人，必定能控制住自己所有的情绪与行为，不会像野马那样为一点小事抓狂。当你在镜子前仔细地审视自己时，你会发现自己既是你最好的朋友，也是你最大的敌人。

上班时堵车堵得厉害，交通指挥灯仍然亮着红灯，而时间很紧，你烦躁地看着手表的秒针。终于亮起了绿灯，可是你前面的车子迟迟不启动，因为开车的人思想不集中。你愤怒地按响了喇叭，那个似乎在打瞌睡的人终于惊醒了，仓促地挂上了档，而你却在几秒钟里把自己置于紧张而不愉快的情绪之中。

美国研究应激反应的专家理查德·卡尔森说：“我们的恼怒有80%是自己造成的。”这位加利福尼亚人在讨论会上教人们如何不生气。卡尔森把防止激动的方法归结为这样的话：“请冷静下来！要承认生活是不公正的。任何人都不是完美的，任何事情都不会按计划进行。”应激反应这个词从20世纪50年代起才被医务人员用来说明身体和精神对极端刺激（噪音、时间压力和冲突）的防卫反应。

现在研究人员知道，应激反应是在头脑中产生的。即使是非常轻微的恼怒情绪，大脑也会命令分泌出更多的应激激素。这时呼吸道扩张，使大脑、心脏和肌肉系统吸入更多的氧气，血管扩大，心脏加快跳动，血糖水平升高。

埃森医学院心理学研究所所长曼弗雷德·舍德洛夫斯基说："短时间的应激反应是无害的。"他说："使人受到压力是长时间的应激反应。"他的研究所的调查结果表明：61%的德国人感到在工作中不能胜任；30%的人因为觉得不能处理好工作和家庭的关系而有压力；20%的人抱怨同上级关系紧张；16%的人说在路途中精神紧张。

理查德·卡尔森的一条黄金法则是："不要让小事情牵着鼻子走。"他说："要冷静，要理解别人。"

他的建议是：表现出感激之情，别人会感觉到高兴，你的自我感觉会更好。

学会倾听别人的意见，这样不仅会使你的生活更加有意思，而且别人也会更喜欢你。每天至少对一个人说，你为什么赏识他，不要试图把一切都弄得滴水不漏；不要顽固地坚持自己的权利，这会花费不必要的精力；不要老是纠正别人，常给陌生人一个微笑；不要打断别人的讲话；不要让别人为你的不顺利负责。要接受事情不成功的事实，天不会因此而塌下来；请忘记事事都必须完美的想法，你自己也不是完美的。这样生活会突然变得轻松得多。

当你抑制不住生气时，你要问自己：一年后生气的理由是否还那么充分？这会使你对许多事情得出正确的看法。

争吵只会给你带来不幸

人的精力是有限的，你应该把充沛的精力用在实现自己远大志向的实践上，而不是把精力用在无用的争吵上。

生活中少了面红耳赤的争论，就会使人更加理性、更有爱心；

就会使人们互相尊重、友谊倍增；就会有利于思想的交流、意见的沟通；就会有助于提高工作效率；就会使社会充满温馨与和谐。

卡耐基在第二次世界大战结束后不久参加了一个宴会。卡耐基左边的一个先生讲了一个幽默故事，然后在结尾的时候引用了一句话，意思是：此地无银三百两。那位先生还特意指出这是《圣经》上说的。

卡耐基一听就知道他错了。他看过这句话，不是在《圣经》上，而是在莎士比亚的书中，他前几天还翻阅过，他敢肯定这位先生一定搞错了。于是他纠正那位先生说，这句话是出自莎士比亚的书。

“什么？出自莎士比亚的书？不可能！绝对不可能！先生你一定弄错了，我前几天才特意翻了《圣经》的那一段，我敢打赌，我说的是正确的，一定是出自《圣经》！如果你不相信，我可以把那一段背出来让你听听，怎么样？”那位先生听了卡耐基的反驳，马上说了一大堆话。

卡耐基正想继续反驳，忽然想起自己的老友——维克多·里诺在右边坐着。维克多·里诺是研究莎士比亚的专家，他想他一定会证明自己的话是对的。

卡耐基转向他说：“维克多，你说说，是不是莎士比亚说的这句话？”

维克多盯着卡耐基说：“戴尔，是你搞错了，这位先生是正确的，《圣经》上确实有这句话。”随即卡耐基感到维克多在桌下踢了自己一脚。他大惑不解，出于礼貌，他向那位先生道了歉。

回家的路上，满腹疑问的卡耐基埋怨维克多：“你明白那本来就是莎士比亚说的，你还帮着他说话，真不够朋友。还让我不得不向他道歉，真是颠倒黑白了。”维克多一听，笑了：“《李尔王》第二幕第一场上有这句话。但是我可爱的戴尔，我们只是参加宴会的客人，而你知道吗，那个人也是一位有名的学者。为什么要我去证明他是错的，你以为证明了你是对的，那些人和那位先生会喜欢你，认为你学识渊博吗？不，绝不会。为什么不保留一下他的颜面呢？为什么要让他下不了台呢？他并不需要你的意见，你为什么要和他抬杠？记住，永远不要和别人正面冲突！”

记住，生活中要永远避免争吵，永远！

争吵所能带给我们的只是心理上的烦躁、彼此的怨恨与误解，甚至多年的友情因之失去，生活因之充满了火药味儿。真理也不会因为你的争吵而倾向于你。争吵发生的时候，骤然升温的情绪之火灼烧你的头脑，使你烦闷、愤怒，甚至想揍对方一顿。对方的强词夺理、唾沫横飞令你愤恨不已，而在对方眼里，你又何尝不是同样可恶的形象。当不断升温的情绪之火达到足以烧毁你仅存的一点儿理智的时候，一股无以抑制的仇恨之火便由心底升起。

即使在争论中你振振有词，对方被逼得走投无路而终于被你打倒了，你就真正是成功者了吗？当然不是。别人的观点被你攻击得千疮百孔、体无完肤，又能说明什么呢？证明他的观点一无是处、你比他优越、你比他知识更广博吗？错了，你的所作所为使人家自惭，你伤了人家的自尊，你让别人当众出丑，人家只会怨恨你的胜利。在你的洋洋自得中，你的虚荣心得到满足，殊不知此时你在众人眼里只是一只好斗的公鸡而已。永远不要试图在争论中打倒对方。

时刻让你的内心绽放微笑

没有什么东西能比一个阳光灿烂的微笑更打动人的了。

微笑具有神奇的魔力，它能够化解人与人之间的坚冰，微笑也是你身心健康和家庭幸福的标志。

一旦学会了阳光灿烂的微笑，你的生活从此就会变得更加轻松，而人们也喜欢享受你那阳光灿烂的微笑。

百货店里，有个穷苦的妇人，带着一个约4岁的男孩在转圈子。走到一架快照摄影机旁，孩子拉着妈妈的手说："妈妈，让我照一张相吧！"妈妈弯下腰，把孩子额前的头发拢在一旁，很慈祥地说："不要照了，你的衣服太旧了。"孩子沉默了片刻，抬起头来说："可是，妈妈，我仍会面带微笑的。"每想起这个场景，这位妇人的心就会被儿子所感动。

法国作家拉伯雷说过这样的话："生活是一面镜子，你对它笑，它就对你笑；你对它哭，它就对你哭。"如果我们整日愁眉苦脸地生活，生活肯定愁眉不展；如果我们爽朗乐观地看生活，生活肯定阳光灿烂。朋友，既然现实无法改变，当我们面对困惑、无奈时，不妨给自己一个笑脸，一笑解千愁。

笑声不仅可以解除忧愁，而且可以治疗各种病痛。微笑能加快肺部呼吸，增加肺活量；能促进血液循环，使血液获得更多的氧，从而更好地抵御各种病菌的入侵。

微笑是一种做人心态的外在表现，这种魔力不仅能够给日渐枯萎的生命注入新的甘露，还会使你的人生开出幸福的花朵。

微笑的后面蕴涵的是坚实的、无可比拟的力量，一种对生活巨大的热忱和信心，一种高格调的真诚与豁达，一种直面人生的智慧与勇气。而且，境由心生，境随心转。我们内心的思想可以改变外在的容貌，同样也可以改变周遭的环境。

约翰·内森堡是一名犹太籍的心理学博士。在"二战"期间，他没能逃脱纳粹集中营里惨无人道的生活折磨。他曾经绝望过，这里只有屠杀和血腥，没有人性、没有尊严。那些持枪的人像野兽一样疯狂地屠戮着，无论是怀孕的母亲，刚刚会跑的儿童，还是年迈的老人。

他时刻生活在恐惧中，这种对死亡的恐惧让他感到一种巨大的精神压力。集中营里，每天都有因此而发疯的人。内森堡知道，如果自己不控制好情绪，也难以逃脱精神失常的厄运。

有一次，内森堡随着长长的队伍到集中营的工地上去劳动。一路上，他产生一种幻觉，晚上能不能活着回来？是否能吃上晚餐？他的鞋带断了，能不能找到一根新的？这些幻觉让他感到厌烦和不安。于是，他强迫自己不想那些倒霉的事，而是刻意幻想自己是在前去演讲的路上。他来到了一间宽敞明亮的教室中，他精神饱满地在发表演讲。

他的脸上慢慢浮现出了笑容。内森堡知道，这是久违的笑容。当他知道自己还会笑的时候，他也就知道了，他不会死在集中营里，他会活着走出去。当从集中营里被释放出来时，内森堡显得精神很好。他的朋友不相信，一个人可以在魔窟里保持微笑。

你的笑容是你最好的信使，能照亮所有看到它的人。对那些整天都皱着眉头、愁容满面的人来说，你的笑容就像穿过乌云的太阳；尤其对那些受到上司、客户、老师、父母或子女的压力的人，一个笑容能帮助他们树立这样一种信心，那就是：一切都是有希望的，世界是有欢乐的。

微笑是阳光的美丽外衣，从今天起开始微笑吧。

第四节　人生的差异在于你的选择

人生需要舍弃

人生到了一种地步，就必须舍弃一些东西，身上的包袱太多，反而会影响自己赶路的脚步，延误了行程。

社会发展的速度很快，诱惑随之增多，很多人在诱惑面前停下了自己的脚步。面对层出不穷的诱惑，很多人忘记了自己的方向，在旋涡中纠缠不止、平庸一生。

其实，人生的“口袋”只能装载一定的重量，人的前进行程就是一个不断舍弃的过程。没有舍弃，你就可能被包袱压“死”在前进的途中。

拉斐尔 11 岁那年，一有机会便去湖心岛钓鱼。在鲈鱼钓猎开禁前的一天傍晚，他和妈妈早早地又来钓鱼。放好诱饵后，他将渔线一次次甩向湖心，湖水在落日余晖下泛起一圈圈的涟漪。

忽然钓竿的另一头沉重起来。他知道一定有大家伙上钩，急忙收起鱼线。终于，孩子小心翼翼地把一条竭力挣扎的鱼拉出水面。好大的鱼啊！它是一条鲈鱼。

月光下，鱼鳃一吐一纳地翕动着。妈妈打亮小电筒看看表，已是晚上 10 点——但距允许钓猎鲈鱼的时间还差两个小时。

“你得把它放回去，儿子。”母亲说。

“妈妈！”孩子哭了。

“还会有别的鱼的。”母亲安慰他。

“再没有这么大的鱼了。”孩子伤感不已。

他环视了四周，看不到一艘渔船或一个钓鱼的人，但他从母亲坚决的脸上知道无可更改。暗夜中，那鲈鱼抖动笨大的身躯慢慢游向湖水深处，渐渐消失了。

这是很多年前的事了，后来拉斐尔成为纽约市著名的建筑师。他确实没再钓到过那么大的鱼，但他为此终身感谢母亲。因为他通过自己的诚实、勤奋、守法，猎取到了生活中的大鱼——事业上成绩斐然。

曾有人写过这样一首小诗：

不舍弃鲜花的绚丽，就得不到果实的香甜；

不舍弃黑夜的温馨，就得不到朝日的明艳。

自然界是这样，人生也是这样，在几十年的漫漫旅途中，有山有水，有风有雨，有舍弃“绚丽”和“温馨”的烦恼，也有获得“香甜”和“明艳”的喜悦，人生就是在舍弃和获得的交替中得到升华，从而到达更高的境界。从这个意义上来说，获得很美丽，舍弃也很美丽。

人是有思维会说话的“万物之灵”，理所当然地明白，必要的舍弃是为了更好地获得。“万事如意”“心想事成”“只有想不到，没有办不到”，这些话只是一种美好愿望，是朋友间自欺欺人的祝贺用语，是一厢情愿的心理满足罢了，在生活中是不存在的，因为它不符合生活的辩证法。

有人说，人生之难胜过逆水行舟，此话不假。人生在世界上，不如意的事情占十之八九，获得和舍弃的矛盾时刻困扰着我们，明白了舍弃之道和获得之法，并运用于生活，我们就能从无尽的繁难中解脱出来，在人生的道路上进退自如，豁达大度。

不知是哪一位哲人说过，人生最远的距离是“知”和“行”。

有舍弃才有获得，道理谁都懂得，可是要照着去做，那可就不容易。外面的世界很精彩，舍弃很痛苦。精彩的世界里充满着诱惑，要舍弃的事情有时很美丽，不知道哪些是该获得的，哪些是该舍弃的，就像柳宗元笔下的一种小虫叫蝜蝂，它见到东西就想背着，结果被累死了。就像那位贪心的老人到太阳山上去背金子，由于想获得的太多，结果被太阳烧死了。

生活在尘世中的人们，有一个可怕的心理，就是“终朝只恨聚无多”，干什么都想赢，舍弃谈何容易？纵观社会，横看人生，有撑死的，也有饿死的；有穷死的，也有富死的；有能死的，也有窝囊死的；有因祸得福的，也有因福得祸的，如此等等，不一而足。何时该获得，何时该舍弃，真是很困难，天下没有放之四海而皆准的真理，只有根据此时、此地、此情、此景去综合考虑。

人生的差异在于你的选择

人出生之时的差别很小，但几十年过后，每个人的人生都相差甚远。其实，人生的这些差异很多时候都是因选择不同所造成的。

人生的旅途中有很多十字路口，你的选择将决定你最后的方向和目的地。慎重地做好每一次选择，它有时抵过你几年的努力。

古代有一位智者，他以有先知能力而著称于世。有一天，两个年轻男子去找他。这两个人想愚弄这位智者，于是想出了下面这个点子：他们中的一个在右手里藏一只雏鸟，然后问这位智者：“智慧的人啊，我的右手有一只小鸟，请你告诉我这只鸟是死的还是活的？”如果这位智者说“鸟是活的”，那么拿着小鸟的人将手一握，把小鸟弄死；如果他说“鸟是死的”，那么那个人只须把手松开，小鸟就会振翅而飞。两个人认为他们万无一失，因为他们觉得问题只有这两种答案。

他们在确信自己的计划滴水不漏之后，就启程去了智者家，想跟他玩玩这个把戏。他们很快见到了智者，并提出了准备好的问题，“智慧的人啊，你认为我手里的小鸟是死的还是活的？”其中一人问道。老人久久地看着他们，最后微笑起来，回答说：“我告诉你，我的朋友，这只鸟是死是活完全取决于你的手。”

人生的答案其实也在这里。你的人生由你自己决定，你事业的成败也完全是由你自己决定，你就是作决定的人。

当你明白了决定的意义时，便会晓得这样的力量早就蕴藏在自己的身上，它不是有权有势的人的专利品，它属于所有的人。

目前的你是否在面临选择的紧要关头呢？如果是，你一定要慎重地做出你的选择。

合适的才是最好的

什么是最好的呢？其实，这个世界根本就没有好的标准，只要合适，你就找到了最好的。

很多人一生都在追求最好，他们总认为自己身边的事情太糟糕，其实，他们都没有明白这样一个道理：合适的才是最好的。

有一只城里老鼠和一只乡下老鼠是好朋友。有一天，乡下老鼠请城里老鼠来家里吃东西。城里老鼠心里嘀咕乡下食物的口味是什么样的呢？于是立刻动身去乡下了。乡下老鼠看到城里老鼠真来了，特别高兴，他把城里老鼠引到谷仓去，那里堆满稻谷、地瓜，还有花生。

乡下老鼠对城里老鼠说：“城里朋友，不要客气，尽情地吃，东西多着呢！”可是城里老鼠见到这些食物一点儿胃口都没有。

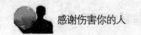

乡下老鼠还以为城里老鼠客气，于是抓了一把花生给城里老鼠，说："朋友，这些花生味道特别好，唉，你不要这样客气嘛！"

城里老鼠觉得这些东西一点儿都不好吃，勉强吃了一些，最后只好对乡下老鼠说："我实在吃不下去，你们这里的东西太粗糙了点儿。这样吧，改天你也到城里去，我让你尝尝美味可口的食物。"

乡下老鼠也想开开眼界，也特别向往城里食物的口味，于是没过几天就来到城里老鼠的住处。城里老鼠见到乡下朋友果真来了，可高兴了，他把乡下老鼠引到厨房去。哇，这里东西可丰富了，有蛋糕、汽水、苹果、香肠、蜂蜜，还有鸡、鸭、鱼、肉等等，看得乡下老鼠口水直流。他们正要享用时，一个人走进厨房，他们连忙吓得躲进洞里，不一会儿那个人走出厨房。哪知他们刚刚钻出来，"喵……喵……"一只猫突然出现，吓得他们再度躲起来。

乡下老鼠胆战心惊，既怕又饿，最后，他长叹一声："哎！朋友，吃东西这样担惊受怕，实在划不来。我们乡下的东西虽然粗糙点儿，倒是悠闲自在，我现在就回去了。朋友，若不嫌弃，欢迎你还到乡下玩！"

和这些老鼠一样，人们守着自己的东西，却总觉得别人拥有的比自己的好，于是羡慕、嫉妒、抱怨……各种各样的情绪都产生了。终有一天，你幸运地享受到了以前让你魂牵梦萦的"美好"，才发现别人的鞋穿在自己脚上，还不一定合适呢。回头看看自己的，其实也并非那么糟糕。

生活中，我们在选择专业方向、工作单位、生活伴侣等的时候，都会面对这样一个问题，要知道，适合自己的才是最好的。

放弃是成功的另一种选择

放弃一件事情，也许会开启另一道成功的门。

生活是一个单项选择题，每时每刻你都要有所选择，有所放弃，要追求一个目标，你必须在同一时间放弃一个或数个其他的目标。

该放弃时就放弃吧，不要在犹豫不决中虚度光阴，可能到最后还会无奈地放弃。人，有时就得决绝一点儿。

拥有“中国色彩第一人”称号的于西蔓回国建立了“西蔓色彩工作室”。她将国际流行的“色彩季节理论”带到了中国，她使中国女性认识到了色彩的魅力。

于西蔓在日本学习的原本是经济，但她在毕业后，凭着自己对色彩的爱好，苦学了两年，取得了色彩专业的资格，在当时，她成为全球2000多名色彩顾问中唯一的华人。

在国外，她看到了中国同胞的穿着经常引起别人的非议，每次她都会产生一种强烈的感觉，要让中国人也美起来。

随后，她放弃了在国外优越的生活，毅然回到了祖国，并于1998年在北京创办了中国第一家色彩工作室。面对中国消费群体的不同，刚开始时，于西蔓只是凭自己的主观确定价位。一段时间后，她发现这并不适合大多数群体，同时也违背了她的初衷——要让所有的中国人都知道什么是色彩。于是，她又重新做了计划，降低价位，并做了很多的辅助工作，结果，取得了很好的成果。年轻的时尚一族纷至沓来，连上了年纪的人也成了工作室的座上宾，热线咨询电话也响个不断。

在总结自己的经验时，于西蔓说她成功的主要原因是懂得放弃，因为没有放弃就没有新的开始。

于西蔓几次放弃了令人羡慕的工作而重新开始，是因为她深深地了解自己的兴趣、特点及自身的价值。

孟子在两千多年以前就说过“鱼与熊掌不可兼得”。要想有所获取，必须有所舍弃。可惜很多人在生活中，往往都会为是否舍弃一种生活追求而犹豫不决。

优柔寡断是不可取的。一个人的精力是有限的，不可能分散到每件事情上。期望所有事情都有好的发展，结果可能一无所成。学会适时放弃，才是成大事者明智的选择。

新生活从选定方向开始

有的人活着没有任何目标，他们在世间行走，就像河中的水草，他们不是在行走，而是随波逐流。

很多时候，你在一念之间的选择很可能就决定了你的一生。那些没有任何方向的人最终只能原地打转，只有选定一个方向之后，你的新生活才能够真正开始。

根据成功者的经验，一个人无论现在多大年龄，他真正的人生之旅，是从设定目标的那一天开始的，以前的日子，只不过是在绕圈子而已。

比塞尔是西撒哈拉沙漠中的一颗明珠，每年有数以万计的旅游者来到这儿。可是在肯·莱文发现它之前，这里还是一个封闭而落后的地方。这儿的人没有一个走出过大漠，据说不是他们不愿离开这块贫瘠的土地，而是尝试过很多次都没有走出去。

肯·莱文当然不相信这种说法。他用手语向这儿的人问原因，结果每个人的回答都一样：从这儿无论向哪个方向走，最后还是转回出发的地方。为了证实这种说法，他做了一次试验，从比塞尔村向北走，结果三天半就走了出来。

比塞尔人为什么走不出来呢？肯·莱文非常纳闷，最后他只得雇一个比塞尔人，让他带路，看看到底是为什么？他们带了半个月的水，牵了两只骆驼，肯·莱文收起指南针等现代设备，只拄一根木棍跟在后面。

10天过去了,他们走了大约1300千米的路程,第11天的早晨,他们果然又回到了比塞尔。这一次肯·莱文终于明白了，比塞尔人之所以走不出大漠，是因为他们根本就不认识北极星。在一望无际的沙漠里，一个人如果凭着感觉往前走，一定会走出许多大小不一的圆圈，最后的足迹十有八九是一把卷尺的形状。比塞尔村处在浩瀚的沙漠中间，方圆上千公里没有一点儿参照物，若不认识北极星又没有指南针，想走出沙漠，确实是不可能的。

肯·莱文在离开比塞尔时，带了一位叫阿古特尔的青年，就是上次和他合作的人。他告诉这位青年："只要你白天休息，夜晚朝着北面那颗星走，就能走出沙漠。"阿古特尔照着去做，三天之后果然来到了大漠的边缘。

阿古特尔因此成为比塞尔的开拓者，他的铜像被竖在小城的中央，铜像的底座上刻着一行字："新生活是从选定方向开始的。"

为了求生存、求成功，我们必须由杂乱中建立秩序，找出一个正常的步调，确定一个目标。人如果没有目标，就只能在人生的旅途中徘徊，永远到不了目的地。正如空气对于生命一样，目标对于成功也有绝对的必要。确立目标的原则表现于各个不同的生活层面，而最基本的目标还是人生的终极目标，即人们心底最根深蒂固的价值观所触及影响范围的核心部分，也就是由个人最重视的观念或价值观来决定一切。我们应该时刻把人生目标谨记在心，每一天都要朝此迈进，不要须臾违背。

认定目标意味着做任何一件事情前，首先认清方向。如此不但可对目前所处的状况了解得更透彻，而且在追求目标的过程中，也不致误入歧途，白费工夫。

人生旅途，岔路很多，一不小心就会走冤枉路。许多人拼命埋头苦干，却不知方向，到头来发现竟然走错了路，但为时已晚。因此，有些人很忙碌，却不见得有意义。

很多人成功之后，反而感到空虚；得到名利之后，却发现牺牲了更可贵的东西。上自达官显贵、富豪巨贾，下至升斗小民、凡夫俗子，无人不在追求更多的财富或更高的地位与声誉，可是，名利往往蒙蔽双眼，成功每每须付出昂贵的代价。因此，我们务必设定真正重要的目标，然后勇往直前、坚持到底，这样，我们才能在困顿中不气馁，腾达时不骄气。这样的生命才会变得更厚重、更充实，充满意义。

第五节　不懂珍惜生活的人，最会抱怨它的匆匆而过

停止抱怨，珍惜你所拥有的

“事情怎么会这样呢？真是烦人！”“我这次考试没考好，全都怪昨天晚上……”“考试题出成这样，老师分明就是在难为我们。”这是不是你经常挂在嘴边的话？心情不愉快的时候，这些抱怨的话好像不经过大脑自己就到嘴边了，然后心情就会变得很沮丧。在这样一种精神状态下，不难想象，你犯错误的几率自然要比别人高，许多新的烦恼又在后边等着你，那么你又开始新一轮

的抱怨——沮丧——出错——倒霉……

哈佛教授认为，抱怨只是暂时的情绪宣泄，它可以是心灵的麻醉剂，但绝不是解救心灵的方法。因而，他们经常告诫自己的学生：遇到问题，抱怨是最坏的方法。

罗曼·罗兰说，只有将抱怨环境的心情化为上进的力量，才是成功的保证。也有人说，如果一个人青少年时就懂得永不抱怨的价值，那实在是一个良好而明智的开端。倘若我们还没修炼到此种境界，就最好记住下面的话：如果事情没有做好，就千万不要为抱怨找借口。

古人云："人生之事，不顺者十之八九，常想一二。"这句话的意思是说人活在世上，十件事中有八九件都会使人不顺心，但要常去想那一两件使人开心的事。每个人都会遇到烦恼，明智的人会一笑了之，因为有些事是不可避免的，有些事是无力改变的，有些事情是无法预测的。能补救的应该尽力补救，无法改变的就坦然面对，调整好自己的心态去做该做的事情。

一名飞行员在太平洋上独自漂流了20多天才回到陆地。有人问他，从那次历险中他得到的最大教训是什么。他毫不犹豫地说："那次经历给我的最大教训就是：只要还有饭吃，有水喝，你就不该再抱怨生活。"

人的一生总会遇到各种各样的不幸，但快乐的人不会将这些装在心里，他们没有忧虑。所以，快乐是什么？快乐就是珍惜已拥有的一切，知足常乐。

抱怨是什么？抱怨就像用针刺破一个气球一样，让别人和自己泄气。其实，抱怨属人之常情。"居长安，大不易"，难道不许别人说一说苦闷吗？抱怨之不可取在于：你抱怨，等于你往自己的鞋子里倒水，使行路更难。困难是一回事，抱怨是另一回事。

抱怨的人认为不是自己无能，而是社会太不公平，如同全世界的人合伙破坏他的成功，这就把事情的因果关系弄颠倒了。喜欢抱怨的人在抱怨之后，心情非但没变轻松，反而变得更糟。常言说，放下就是快乐。这也包括放下抱怨，因为它是沉重又无价值的东西。

人们喜欢那些乐观的人，是喜欢他们表现出的超然。生活需要的信心、勇气和信仰，乐观的人都具备。他们在自己获益的同时，又感染着别人。人们和乐观——包括豁达、坚韧、沉着的人交往，会觉得困难从来不是生活的障碍，而是勇气的陪衬。和乐观的人在一起，自己也就得到了乐观。抱怨失去的不仅是勇气，还有朋友。谁都不喜欢牢骚满腹的人，怕自己受到传染。失去了勇气和朋友，人生变得很难，所以抱怨的人继续抱怨。他们不知道，人生有许多简单的方法可以快乐地生活，停止抱怨是其中的真谛之一。总是抱怨自己不幸的人，不要总是看到你还不曾拥有的东西，而要静下心来，放下心灵的负担，仔细品味你已拥有的一切。学会欣赏自己的每一次成功、每一份拥有，你就不难发现，自己竟会有那么多值得别人羡慕的地方，幸福之神早已向你频频招手。

谁珍惜生命，谁就延长了生命

人生总是那么短暂，有时候心怀梦想，想要按照计划去实行，可是似乎计划还没有定完，一段青春的岁月就这么溜走了。不知不觉，人生已经到了暮年，也许再转眼，就划过了所有的美好岁月，走向了人生的尽头吧。每天，都有无数生命像流星一样划过天际，消失在茫茫夜空当中。是哀叹、漠然，还是反思、爱惜？

曾在报刊上读过一篇关于生命的文章：

在一个炎热的上午，10时整，蝉发表了他的第一篇作品。他讲到世事：炎热。

同一天11时，他还在鸣叫，并没有改变他的调子，而且扩大了他的主旋律。他讲到：爱情。

在酷热的午后时分，当爱情与炎热带来的伤感动摇了他时，他心灵的交响乐进入了伟大的乐章，于是他说：死亡。

但是这事还没有结束。晚餐以后，他把炎热、爱情、死亡编织成最后一节，比其他各节更为精妙，而且没有那么嘈杂。他还掌握着最后一个英雄般的单音节词。

生命，他回忆着说：生命。

生命，即使如火焰、如昙花，只要学会珍惜，它便永存那一刹那的动人与璀璨。

当代作家毕淑敏在谈到自己生命的经历时，曾这样回忆道："我16岁时离开北京到西藏阿里当兵，是我记忆最深刻的人生转折。我从小的生活经历决定，我对于农村的想象空间也仅限于住土房子吃窝头，而到了阿里，零下40多度的酷寒、海拔5000米以上带来的缺氧、八九个月接不到任何信件、吃不到任何蔬菜等等，那该不是外星吧？我吓坏了！我真真地感受到，人的生命太脆弱了，因为我们还时时会面对死亡。

"那时我们没有任何娱乐的条件，没过多久几个人连话都说尽了，我因此常常一个人呆坐着看冰雪，一看就是几个小时，现在想来，那简直就是'面壁'……原始人的生活不过如此吧？

"但是，我在那时有很多冥想，人从哪里来，要到哪里去，看冰雪的时候仿佛看出了人生的很多问题。我记得康德有一句话说：'人对于崇高的认识来源于恐惧。'可能吧，于是我决心自己的一生要过得有趣有意义，还要于他人有益。

"那十多年的生活让一种观念横贯我的一生，那就是珍惜生命。

有人曾经对我的作品做专门研究发现，我用‘生命’‘死亡’，特别是‘温暖’这样的词汇特别多，大概是因为我当年被冻怕了。

“不管怎么说，后来我的作品总是要把自己在高原所体验到的生命的宝贵，传达给他人。那是在我长篇小说里一以贯之的主题——爱惜生命。

“爱惜，是因为感恩。毕竟，能够拥有生命就是一种幸福。但是，如果人的生命就好像一朵盛开的花朵，你可以绚烂辉煌，香气袭人；或者苍白暗淡，寂寂无声。一切在于你珍惜与否。生命也是脆弱的，面对如此脆弱的生命，我们唯一能做的，就是珍惜生命中的每一天，不虚度，不浪费。”

身边出现的每一个人都是我们的福分

一天，一个中年妇女见自己家门口站着三位老人，便上前对老人们说：“你们一定饿了，请进屋吃点儿东西吧！”

“我们不能一起进屋。”老人们说。

“为什么？”中年妇女不解。

一位老人指着同伴说：“他叫成功，他叫财富，我叫善良。你现在进屋和家人商量一下，看看需要我们当中哪一位？”

中年妇女进屋和家人商量后决定把善良请进屋。她出来对老人们说：“善良老人，请到我家来做客吧。”

善良老人起身向屋里走去，另两位叫成功和财富的老人也跟进来了。

中年妇女感到奇怪，问成功和财富：“你们怎么也进来了？”

“善良是我们的兄长，兄长在，我们也必须在，因为哪里有善良，哪里就有成功和财富。”老人们回答说。

其实就像这位老人说的那样，善良总是伴随着财富和地位一起而来，我们善待、珍惜生命中出现的每一个人，其实也是在善待我们自己。

在我们的生命中，不断地有人离开或进入，我们无法把握时间去改变这些，但是我们可以用自己的心去珍惜自己生命中存在过的人。与每一个人的相遇都是一种机缘，当有一天，我们回首的时候，发现那些当初很要好的人已经是天各一方，每个人都开始了没有我们的日子，那些曾经大大咧咧地喊他昵称的日子似乎已经很遥远了，想念彼人，却发现你已经连他的电话也没有了，于是后悔当初只因为一句话的彼此伤害，后悔没有好好珍惜在一起的日子。

所以，无论是什么时候，每一个人的出现都是自己的福分，感激上天给予与每一个人的相逢，或许此刻你们亲近无比，但说不准哪一天你们从此分别，永远无法联系，为了我们的人生没有遗憾，善待我们生命中的每一位过客。

遇到你真正的爱人时，要努力争取和他相伴一生的机会，因为当他离去时，一切都来不及了；遇到可相信的朋友时，要好好地和他相处下去，因为在人的一生中，能遇到一个知己真的不容易；遇到人生中的贵人时，要记得好好感激，因为他是你人生的转折点；遇到曾经爱过的人，记得微笑向他感激，因为他是让你更懂得爱的人；遇到曾经恨过的人时，要微笑着向他打招呼，因为他让你变得更坚强；遇到现在和你相伴一生的人，要百分百感谢他爱你，因为你们现在都得到幸福和真爱；遇到背叛你的人时，要跟他好好聊一聊，因为若不是他，今天你不会懂得这个世界；遇到曾经偷偷喜欢的人时，要祝他幸福！因为你喜欢他时，是希望他幸福快乐的；遇到匆匆离开你的人，要谢谢他走过你的人生，因为他是你精彩回忆的一部分。

善待生命中每一个与你擦身而过的朋友，你的人生将轻松无比，了无缺憾。

珍惜缘分吧，它是可遇不可求的精灵

有人说：“在对的时间，遇见对的人，是一生幸福；在对的时间，遇见错的人，是一场心伤；在错的时间，遇见对的人，是一声叹息；在错的时间，遇见错的人，是一段荒唐。”天意弄人，缘起缘灭，为什么最真的人却总碰不到最真的心？想起来让人欲哭无泪。或许爱情就是这样“狡猾”的东西吧，它有时躲在暗处，有时笑眯眯地迎面走来，未找到爱情的你，左顾右盼却看不到它；遇到爱情的你，又总是瞻前顾后，羞羞答答，信奉“矜持”的教条，或者等待着他会先开口，结果一恍惚间，已是沧海桑田，再回首时，心依旧人已远，空留一腔怅惘在心间！

为什么会是这样呢？原因也许就在于“表露”。很多女孩太追求“意会”，或太固守女孩含蓄的美德，死死不肯流露自己的真心，让男人去猜，等男人来追。可男人是粗心的，你不暗示，他怎如你一般心细如发？就算他很想追你，但世事难料，怎能保证事情不节外生枝，阴错阳差，好事付诸东流？缘分不待人，它来的时候，该抓的一定要抓，不要等到木已成灰，才空自叹息。勇敢地去爱你想爱的那个人，即使他很优秀，你也不要畏缩，大胆地说出来，让他明白你的心意，哪怕被无情拒绝，只要曾经努力过，你就没有什么遗憾。

有一位美丽、温柔的女孩，身边不乏追求者，但她遇到了漂亮女孩常有的难题：在同样优秀的两个男孩中应该选择谁？锋长得帅气，很开朗很幽默。宇也不错，很善良，只是内向和羞涩，不善表现自己。

在心底，她喜欢宇。但她不知宇对她的爱有多深。于是，她决定等情人节再做出选择。她想，要是宇送来玫瑰，或跟她说“我爱你”，那么，她就选宇。

但是，现实总不能如愿。

情人节那天，送来玫瑰并说“我爱你”的是锋，不是宇。宇只给她送来一只鹦鹉，也没有说什么“我爱你”之类。一直深信缘分的她颇感失望。女友来访，她随手就将那只鹦鹉给了女友。她说，是缘分叫她选择锋。

几个月后，女孩偶遇女友，女友啧啧地说，那只鹦鹉笨死了，一天到晚只会说“我爱你、我爱你”，吵死了！女友说得轻描淡写，于她来说却是一个晴天霹雳，那可是宇送给她的呀！

有时候，缘，如同诗人席慕蓉笔下的《一棵开花的树》那样令人心痛，不可捉摸：

如何让你遇见我
在我最美丽的时刻
为这
我已在佛前求了五百年
求佛让我们结一段尘缘
佛于是把我化作一棵树
长在你必经的路旁
阳光下
慎重地开满了花
朵朵都是我前世的盼望

当你走近

请你细听
那颤抖的叶
是我等待的热情
而当你终于无视地走过
在你身后落了一地的
朋友啊 那不是花瓣
那是我凋零的心

人生之中，你孜孜以求的缘，或许终其一生也得不到，而你不曾期待的缘反而会在你淡泊宁静中不期而至。古语云：“有缘千里来相会，无缘对面不相识。”所谓缘分就是让呼吸者与被呼吸者、爱者与被爱者在阳光下不期而遇。

“十年修得同船渡，百年修得共枕眠。”人世间有多少人能有缘从相许走进相爱，从相爱走到相守，走过这酸甜苦辣、五味俱全的漫漫一生呢？红尘看破了不过是沉浮；生命看破了不过是无常；爱情看破了不过是聚散罢了。

告诉眼前人，他对你很重要

有一位著名作家说：“人在年轻的时候，并不一定了解自己追求的、需要的是什么，甚至别人的起哄也会促成一桩婚姻。等你再长大一些，更成熟一些的时候，你才会知道你真正需要的是什么。可那时，你已经做了许多悔恨得使你锥心的蠢事。”所以，真正遇到自己爱的人，一定要告诉他，他对你很重要。不然，等到错过了，就再也没有让对方明白你的心意的机会了。

80多年前，为了爱情，诗人徐志摩与其原配夫人离异，造就中国近代史第一例离婚案，影响巨大。其师梁启超力劝其悬崖勒马，徐意坚决，复书说：“吾唯有于茫茫人海中求之，得之我幸，不得我命，如此而已！”

毛彦文是中国第一个女留学博士，大学者吴宓追求毛女士时，曾将他的罗曼蒂克写成诗，还发表出来，其中有“吴宓苦爱毛彦文，九州四海共惊闻。离婚不畏圣贤讥，金钱名誉何足云”等句。世人议论纷纷，吴宓泰然自若。

这种表达爱情的勇气和方式，直至今日，仍令人津津乐道。

有一位男士到国外出差，在机场告别了恋人便搭机飞往瑞士。半个月后，事情办完了，他也买好回家的机票，然后他到电信局打算发电报给恋人。

拟好电文后，他交给一位女营业员，问：“麻烦帮我算算总共要多少钱？”

她讲了个数目，他却发现自己手头上的现金不够，眼看登机的时间就要到了，只好对营业员说：“那么，把‘亲爱的’这几个字从我的电报中去掉吧，这样钱就够了。”

“不，”那名女营业员一边反对，一边打开自己的手提包并掏出钱来，“我来为‘亲爱的’这几个字付钱好了，恋人一直渴望从他们的丈夫那儿得到这个字眼呢。”其实，岂止在恋人之间，就算在亲人朋友之间，我们都应该适时地去表达我们的“爱”。

有一个女人，她的脸动过肿瘤手术后，因为有一小段面部神经不得不被割去，造成脸部部分肌肉瘫痪，表情扭曲变形。从此以后，永远是这副样子。

她年轻的丈夫站在病床一旁。两人在昏黄的灯光下，默默对视。

“我的嘴永远都会是这样子吗？”她问医生。

“是的。”医生说。她听后低头不语。

“我喜欢这样子，”她的丈夫说，“亲爱的，孩子也会喜欢你的。”

此刻，丈夫毫不介意外人在场，低头去吻妻子歪扭的嘴。医生站得那么近，看见他也扭曲自己的嘴唇去配合妻子的唇形，表示两人还可以吻得很好。

医生憋着气，不敢出一点儿声，只觉得自己是在目睹一个神圣的场面。

我们能从别人对我们的爱中得到力量，使我们察觉到自己在对方心中不可或缺的存在，从中体会到安全自在的感受。

我们知道自己喜欢被尊重、被爱护的感觉，相对的，我们也应该给予关爱我们的人相同的回报。

爱，拒绝犹豫、观望。唯有勇敢地付诸行动，才有希望撷取它的甘美。许多时候，含蓄的天性，让我们总是不敢说爱，不好意思示爱，却往往错过了爱可以发挥的力量；等到失去了，错过了机会，一切都难再从头开始，难过、失落与伤怀，都很难被抚平。勇敢地将心里的爱表现出来，真心地传达出对对方的支持。让我们成为彼此心灵的后盾，有了这份爱的力量，我们将更有勇气继续前进，激荡出彼此生命中璀璨的火花。

好马也吃“回头草”

一群马来到一片肥沃的草地，草地的这头碧波万顷，草地的那头是茫茫沙漠。马儿们忘乎所以地吃着鲜嫩的青草，觉得这是上天对它们的恩赐，从这头吃到那头，到了那头，它们发现是一片一望无际的沙漠。这时候，几乎所有的马都惋惜再也吃不到这样好的草了。有的马继续前行，去寻找新的草地，但终究没有走出沙漠；有的马立在原地，誓死不回头；有的马忍不住回头望了望它们吃剩下的青草，但始终没有往回走，它们都是好马，好马不吃回头草啊！只有一匹马，它不想为了做好马而失去生存的机会，于是它轻松地往回走，坦然地吃着回头草。结果其他的好马都死了，只有它活了下来。

也许自然中没有这样的马，但现实中却有这样的人，他们以好马自居，错过了就错过了，失去了就失去了，表面上不在乎，心底里却后悔不已。不是他们不想吃回头草，而是他们不敢吃。所有的问题都归结于一点，那就是面子问题。然而，面子比自己的前途、自己的幸福还要重要吗？

曾经爱你的人也是你爱的人由于误会与你分手了，当你们再一次走到一起的时候，为什么不解开彼此的心结再续前缘呢？你曾经非常热爱的一份工作因为种种原因而失去了，如果你愿意，为什么不回到从前呢？

我们都是“好马”，必要的时候就要吃回头草，因为这个世界上好马很多而回头草很少。

女人有了外遇，要和丈夫离婚。丈夫不同意，女人便整天吵吵闹闹。没有办法，丈夫只好答应妻子的要求。不过，离婚前，他想见见妻子的男朋友。妻子满口答应。第二天一大早，女人便把一个高大英俊的中年男人带回家来。

女人本以为丈夫一见到自己的男朋友必定气势汹汹地讨伐。可丈夫没有，他很有风度地和男人握了握手。然后，他说他很想和她男朋友交谈一下，希望妻子回避一下。站在门外，女人心里七上八下，生怕两个男人在屋内打起来。然而结果证明，她的担心完全是多余的。几分钟后，两个男人相安无事地走了出来。

送男友回家的路上，女人忍不住问：“我丈夫和你谈了些什么？是不是说我的坏话？”男人一听，停下了脚步，他惋惜地摇摇头说：

“你太不了解你丈夫了，就像我不了解你一样！”女人听完，连忙申辩道：“我怎么不了解他，他木讷，缺少情趣，家庭保姆似的简直不像个男人。”“你既然这么了解他，就应该知道他跟我说了些什么。”

“说了些什么？”女人非常想知道丈夫说的话。

“他说你心脏不好，但易暴易怒，结婚后，叫我凡事顺着你；他说你胃不好，但又喜欢吃辣椒，叮嘱我今后劝你少吃一点儿辣椒。”

“就这些？”女人有点儿吃惊。

“就这些，没别的。”

听完，女人慢慢低下了头。男人走上前，抚摸着女人的头发，语重心长地说：“你丈夫是个好男人，他比我心胸开阔。回去吧，他才是真正值得你依恋的人，他比我和其他男人更懂得怎样爱你。”

说完，男人转过身，毅然离去。

自从这次风波过后，女人再也没提过“离婚”二字，因为她已经明白，她拥有的这份爱，就是世界上最好的那份。

很多事情，因为不了解，我们选择了放弃。可是在明白了事情的原委之后，就应该有勇气追回自己曾经失去的东西。

倘若我们当初离开是因为环境的恶劣，或根本不合自己的胃口，那完全可以义无反顾地选择新的道路，好马不愁没草吃。如果曾经属于我们的那片草地依然旺盛，我们也仍然是“好马”，这最佳的匹配就应该去尝试，草地永远不会拒绝好马，只是看好马敢不敢吃。

如果你是真的好马，又有肥沃的草地在等着你，与其去寻找那片遥不可及的新绿洲，何不低下头，吃一次回头草呢？

守望远方的玫瑰园，却不忘浇灌身旁的玫瑰

生活中真正的乐趣就是旅行。世界上没有后悔药，生命过去了就不可能重来。与其后悔，为什么当初不好好珍惜呢？寻找生命本真的乐趣，不因任何顾虑而战战兢兢，不为任何流俗而生活压抑，这样在生命的终点，就不会因为突然觉悟而痛悔不已。

一位智者旅行时，曾途经古代一座城池的废墟。岁月已经让这个城池显得满目苍凉了，但依然能辨析出昔日辉煌时的风采。智者想在此休息一下，就随手搬过一个石雕坐下来。

他望着废墟，想象着曾经发生过的故事，不由得感慨万千。

忽然，他听到有人说："先生，你感叹什么呀？"

他四下里望了望，却没有人，他疑惑着。那声音又响起来，是来自那个石雕，原来那是一尊"双面神"神像。

他从未见过双面神，就好奇地问："你为什么会有两副面孔呢？"

双面神说："有了两副面孔，我才能一面察看过去，牢牢吸取曾经的教训；另一面又可以瞻望未来，去憧憬无限美好的明天。"

智者说："过去的只能是现在的逝去，再也无法留住；而未来又是现在的延续，是你现在无法得到的。你不把现在放在眼里，即使你能对过去了如指掌，对未来洞察先知，又有什么具体的实在意义呢？"

听了智者的话，双面神不由得痛哭起来："先生啊，听了你的话，我才明白，我今天落得如此下场的根源。

双面神解释道："很久以前，我驻守这座城时，自诩能够一面察看过去，一面又能瞻望未来，却唯独没有好好地把握住现在。

结果，这座城池便被敌人攻陷了，美丽的辉煌都成了过眼云烟，我也被人们唾骂而弃于废墟中了。”

我们常常会对自己说“如果我考上理想的大学……”“如果我进了知名的外资企业……”“如果我付清住房的贷款……”“如果我得到提升……”“如果我退休，我就可以永远地享受人生”。但或迟或早，我们全会明白，生活中根本不存在什么驿站，也没有什么既定的路线。回想昨天，可是昨天已经远去了;想要看到未来，可是未来还没有来到。

其实,生命就像一场旅行,有既定的路线也有路旁美丽的风景。有时候，人太在乎目的本身，一门心思扑入其中，就会忘记生命中还有许多美好的事物同样值得珍惜。等到老去的时候，才惊觉自己只顾着追求和赶路，却从来没有轻松地享受过。这难道不是人生的悲哀吗？任何人的生命都只有一次，任何一秒对于人来说都是弥足珍贵无法再生的。幸福无法“零存整取”，你需要在每分每秒中去体会幸福，而不是把所有的幸福“储存”起来，尝遍了所有的苦再享受幸福。

第六节　快乐不在于拥有的多，而在于计较的少

因为不争，所以天下没有人能与之争

生活中经常有些人,无理争三分,得理不让人,小肚鸡肠。相反，有些人真理在握，不声不响，得理也让三分，显得态度柔顺，君子风度。假如是重大的或重要的是非问题，自然应当不失原则地

争出个青红皂白，甚至为追求真理献身。但在日常生活中，有些人往往为一些鸡毛蒜皮的小问题争得面红耳赤，谁也不让谁，较起真来，以致非得决一雌雄才算罢休，甚至大打出手，或闹个不欢而散，影响团结。越是这样的人越被人瞧不顺眼。时下流行一句话叫“玩深沉”，其实这种场合玩点深沉正显示了宽宏大量的风度。

争强好胜者未必掌握真理，而谦和的人，原本就把出人头地看得很淡，更不屑一点儿小是小非的争论，这根本不值得称雄。越是你有理，越表现得谦和，往往越能显示一个人胸襟坦荡，修养深厚。

麦金莱任美国总统时，特派某人为税务主任，但为许多政客所反对，他们派遣代表进谒总统，要求总统说出派那个人为税务主任的理由。为首的是一国会议员，他身材矮小，脾气暴躁，说话粗声恶气，开口就给总统一顿难堪的讥骂。如果当时总统换成别人，也许早已气得暴跳如雷，但是麦金莱却视若无睹，不吭一声，任凭他骂得声嘶力竭，然后才用极温和的口气说：“你现在怒气应该可以平和了吧？照理你是没有权力这样责骂我的，但是，现在我仍愿详细解释给你听。”

这几句话把那位议员说得羞惭万分，但是总统不等他道歉，便和颜悦色地说：“其实我也不能怪你。因为我想任何不明究竟的人，都会大怒若狂。”接着他把任命理由解释清楚了。

不等麦金莱总统解释完，那位议员已被他的大度折服。他懊悔不该用这样恶劣的态度责备一位和善的总统，他满脑子都在想自己的错。因此，当他回去报告抗议的经过时，他只摇摇头说：“我记不清总统的全盘解释，但有一点可以报告，那就是——总统并没有错。”

无疑，在这次交锋中，麦金莱占了上风。为什么他能占上风？就是因为他的宽宏大量。

做人首先是要有一颗博大的心，这颗心的格局要大。心的格局有多大，人生的成就才有多大。不是有“海纳百川，有容乃大”这句话吗？这句话被许多人看成自己做人的准则，麦金莱就是其中之一。

心的大格局是一种人格的伟大。明代朱衮在《观微子》中说过：“君子忍人所不能忍，容人所不能容，处人所不能处。”法国作家雨果说：“世界上最大的是海洋，比海洋大的是天空，比天空大的是胸怀。”

在事业上建功立业、取得成就的，绝非是那些胸襟狭窄、小肚鸡肠、谨小慎微之人，而是那些如麦金莱般襟怀坦荡、宽宏大量、豁达大度者。

老子说：“夫唯不争，故天下莫能与之争。”只要有一种看透一切的格局，就能做到豁达大度；把一切都看做“没什么”，才能在慌乱时从容自如。忧愁时，增添几许欢乐；艰难时，顽强拼搏；得意时，言行如常；胜利时，不醉不昏。只有如此放得开的人，才是豁达大度之人。

不管什么是非都去计较的话，你一辈子就没有办法生活了。在我们生活的社会里，许多事情，尤其是小事情，如果看开一些，自己的心胸就宽大。

博大的心量可以稀释一切痛苦烦扰

从前有座山，山里有座庙，庙里有个年轻的小和尚，他过得很不快乐，整天为了一些鸡毛蒜皮的小事唉声叹气。后来，他对师父说："师父啊，我总是烦恼，爱生气，请您开示开示我吧！"

老和尚说："你先去集市买一袋盐。"

小和尚买回来后，老和尚吩咐道："你抓一把盐放入一杯水中，待盐溶化后，喝上一口。"小和尚喝完后，老和尚问："味道如何？"

小和尚皱着眉头答道："又咸又苦。"

然后，老和尚又带着小和尚来到湖边，吩咐道："你把剩下的盐撒进湖里，再尝尝湖水。"

弟子撒完盐，弯腰捧起湖水尝了尝，老和尚问道："什么味道？"

"纯净甜美。"小和尚答道。

"尝到咸味了吗？"老和尚又问。

"没有。"小和尚答道。

老和尚点了点头，微笑着对小和尚说道："生命中的痛苦就像盐的咸味，我们所能感受和体验的程度，取决于我们将它放在多大的容器里。"小和尚若有所悟。

老和尚所说的容器，其实就是我们的心量，它的"容量"决定了痛苦的浓淡，心量越大烦恼越轻，心量越小烦恼越重。心量小的人，容不得，忍不得，受不得，装不下大格局。有成就的人，往往也是心量宽广的人，看那些"心包太虚，量周沙界"的古圣大德，都为人类留下了丰富而宝贵的物质财富和精神财富。

其实，我们每个人一生中总会遇到许多盐粒似的痛苦，它们在苍白的心空下泛着清冷的白光，如果你的容器有限，就和不快乐的小和尚一样，只能尝到又咸又苦的盐水。

一个人的心量有多大，他的成就就有多大，不为一己之利去争、去斗、去夺，扫除报复之心和嫉妒之念，则心胸广阔天地宽。当你能把虚空宇宙都包容在心中时，你的心量自然就能如同天空一样广大。无论荣辱悲喜、成败冷暖，只要心量放大，自然能做到风雨不惊。

寒山曾问拾得："世间有人谤我、欺我、辱我、笑我、轻我、贱我、骗我，如何处之？"

拾得答道："只要忍他、让他、避他、由他、耐他、敬他、不理他，再过几年，你且看他。"

如果说生命中的痛苦是无法自控的，那么我们唯有拓宽自己的心量，才能获得人生的愉悦。通过内心的调整去适应、去承受必须经历的苦难，从苦涩中体味心量是否足够宽广，从忍耐中感悟暗夜中的成长。

心量是一个可开合的容器，当我们只顾自己的私欲，它就会愈缩愈小；当我们能站在别人的立场上考虑，它又会渐渐舒展开来。若事事斤斤计较，便把自心局限在一个很小的框框里。这种处世心态，既轻薄了自身的能力，又轻薄了自己的品格。

心量是大还是小，在于自己愿不愿意敞开。一念之差，心的格局便不一样，它可以大如宇宙，也可以小如微尘。我们的心，要和海一样，任何大江小溪都要容纳；要和云一样，任何天涯海角都愿遨游；要和山一样，任何飞禽走兽，都不排拒；要和路一样，任何脚印车轨，都能承担。这样，我们才不会因一些小事而心绪不宁、烦躁苦闷！

把心打开吧，用更宽阔的心量来经营未来，你将拥有一个别样的人生！

要拿得起更要能放得下

一位少年背着一个砂锅赶路，不小心绳子断了，砂锅掉到地上摔碎了。少年头也不回地继续向前走。路人喊住少年问："你不知道你的砂锅摔碎了吗？”少年回答：“知道。”路人又问：“那为什么不回头看看？”少年说：“既然碎了，回头有什么用？”说完，他又继续赶路。

故事中的少年是明智的，既然砂锅都碎了，回头看又有什么用呢？

人生中的许多失败也是同样的，已经无法挽回，惋惜悔恨于事无补，与其在痛苦中挣扎浪费时间，还不如重新找一个目标，再一次奋发努力。

人的一生，需要我们放下的东西很多。孟子说“鱼与熊掌不可兼得”，如果不是我们应该拥有的，就果断抛弃吧。几十年的人生旅途，有所得，亦会有所失，只有适时放下，才能拥有一份成熟，才会活得更加充实、坦然和轻松。

但是，在现实生活中，许多人放不下的事情实在太多了。比如做了错事，说了错话，受到上司和同事的指责，或者好心却让人误解，于是，心里总有个结解不开……总之，有的人就是这也放不下，那也放不下；想这想那，愁这愁那；心事不断，愁肠百结，结果损害了自身健康和寿命。有的人之所以感觉活得很累，无精打采，未老先衰，就是因为习惯于将一些事情吊在心里放不下来，结果把自己折腾得既疲劳又苍老。其实，简单地说，让人放不下的事情大多是在财、情、名这几个方面。想透了，想开了，也就看淡了，自然就放得下了。

人们常说：“举得起、放得下的是举重，举得起、放不下的叫作负重。”为了前面的掌声和鲜花，学会放弃吧。放弃之后，你会发现，原来你的人生之路也可以变得轻松和愉快。

生活有时会逼迫你不得不交出权力，不得不放走机遇。然而，有时放弃并不意味着失去，反而可能因此获得。要想采一束清新的山花，就得放弃城市的舒适；要想做一名登山健儿，就得放弃娇嫩白净的肤色；要想穿越沙漠，就得放弃咖啡和可乐；要想拥有简单的生活，就得放弃眼前的虚荣；要想在深海中收获满船鱼虾，就得放弃安全的港湾。

今天的放弃，是为了明天的得到。干大事业者不会计较一时的得失，他们都知道如何放弃、放弃些什么。一个人倘若将一生的所得都背负在身，那么纵使他有一副钢筋铁骨，也会被压倒在地。昨天的辉煌不能代表今天，更不能代表明天。

我们应该学会放弃：放弃失恋带来的痛楚，放弃屈辱留下的仇恨，放弃心中所有难言的负荷，放弃耗费精力的争吵，放弃没完没了的解释，放弃对权力的角逐，放弃对金钱的贪欲，放弃对虚名的争夺……凡是次要的、枝节的、多余的、该放弃的，都应放弃。

放弃，是一种格局，是我们发展的必由之路。漫漫人生路，只有学会放弃，才能轻装前进，才能不断有所收获。

小事缠身，不要斤斤计较

两千多年前，雅典政治家伯利克里曾经给人类说过一句忠言："请注意啊，先生们，我们太多地纠缠于一些小事了！"这句话，对今天的人们来说仍然值得品味和借鉴。

说句老实话，对于一般人来说，生活就是由无数的小事所组合而成的，甚至对那些大人物来说也是如此。每个人的生活中，小事都是无处不在、无时不有的，如果你过多地拘泥、计较小事，那么人生就根本没有什么乐趣可言了，触目所及的必然都是矛盾和冲突。

想一想，你挤公共汽车时，有人不小心踩了你的脚；你去买菜时，有人无意间弄脏了你的裙子；有时走在路上，说不定从道旁楼上落下一个纸团，打在你头上……此时此刻，如果你不是大事化小，小事化了，而是口出污言秽语，大发雷霆之怒，说不定会闹出什么祸事来。

20世纪80年代末，在某地曾经发生过这样一件事：有一个年轻女子在看电影时，被后面的男观众无意间碰了一下脚，尽管男观众当面道歉，但那名女子仍然不依不饶。她硬说对方是要耍流氓，竟然回家叫来丈夫将那个人用刀砍伤解气。结果，因触犯刑律，夫妻俩双双锒铛入狱。

在小事上斤斤计较，常常成为损害人际关系的一大诱因。这种悲剧不仅在人们的日常生活中屡见不鲜。

从医学的观点看，事事计较、精于算计的人，不但容易损害人际关系，而且对自己的身体也极其有害。《红楼梦》里的林黛玉，虽有闭月羞花、沉鱼落雁的美丽容貌，可总是患得患失，别人一句无意的话都会让她辗转反侧，难于入眠，抑郁不已，再加上爱情的打击，终于落得个"红颜薄命"的悲惨结局。

还有一个实际的例子，就是唐代有一位著名的诗人李贺。他思路敏捷，才华过人，被人称为"奇才"，写出的诗连当时的大文豪韩愈也赞不绝口。只可惜他心胸狭窄，常为一些芝麻绿豆大的小事而抑郁寡欢，愁肠百结。最后他只活了短暂的27岁，成为文学史上的一桩憾事。

古语云："让一让，三尺巷。"人生之事，只要不是原则性的大事，得过且过又何妨？人活在世上，理应开朗、豁达，活得超脱一些；凡事斤斤计较，只是徒增烦恼罢了。

能够获得成功的人，无不是"小事糊涂，大事计较"的人。可是，只要我们认真观察那些计较小事的人，就会发现他们往往是“大事糊涂”的。很明显，人的精力和时间都是有限的，如果对小事计较得过多，那么对大事的注意力和处理能力必然淡化，甚至根本无暇顾及了。

通常喜欢计较小事的人往往私心都是比较重的，他们过多地考虑个人的得失，如面子、利益、地位等，而这些东西又最容易使人动感情。因此，小事过于认真的人往往容易冲动，一旦感情代替理智，就会不顾后果和影响，不考虑别人的接受程度。如此一来，就会影响正常的人际关系，在社会上失去他人的理解和同情。

不妨做个“糊涂”的人

很多年轻人缺少生活的历练，却对生活要求太高，任何事情都想要一个结果：朋友为什么会给自己“穿小鞋”？男（女）友在外面交了些什么朋友？上司对某个同事为什么比自己好？但生活中的是是非非很多，我们无法对每件事都做一个清楚的交代。

这些看似聪明的人其实都很愚蠢。他们总被生活牵着走，为了一点儿小事，就会歇斯底里，这种人对生活中的任何事情都抱着紧张的态度，无疑要承受比别人多很多的压力。但如果能够“糊涂”一些，这些人就会远离很多烦恼，活得更加快乐。

某家政学校的最后一门课是《婚姻的经营和创意》，主讲老师是学校特地聘请的一位研究婚姻问题的教授。他走进教室，把随手携带的一叠图表挂在黑板上，然后，他掀开挂图，上面用毛笔写着一行字：

婚姻的成功取决于两点：一是找个好人；二是自己做一个好人。

“就这么简单，至于其他的秘诀，我认为如果不是江湖偏方，也至少是些老生常谈。”教授说。

这时台下嗡嗡作响，因为下面有许多学生是已婚人士。不一会儿，终于有一位 30 多岁的女子站了起来，说：“如果这两条没有做到呢？”

教授翻开挂图的第二张，说：“那就变成 4 条了。”

1. 容忍，帮助，帮助不好仍然容忍。

2. 使容忍变成一种习惯。

3. 在习惯中养成傻瓜的品性。

4. 做傻瓜，并永远做下去。

教授还未把这 4 条念完，台下就喧哗起来，有的说不行，有的说这根本做不到。等大家静下来，教授说：“如果这 4 条做不到，你又想有一个稳固的婚姻，那你就得做到以下 16 条。”

接着教授翻开第三张挂图。

1. 不同时发脾气。

2. 除非有紧急事件，否则不要大声吼叫。

3. 争执时，让对方赢。

……

教授念完，有些人笑了，有些人则叹起气来。教授听了一会儿，说：“如果大家对这 16 条感到失望的话，那你只有做好下面的 256 条了，总之，两个人相处的理论是一个几何级数理论，它总是在前面那个数字的基础上进行二次方。”

接着教授翻开挂图的第四页，这一页已不再是用毛笔书写，而是用钢笔，256 条，密密麻麻。教授说：“婚姻到这一地步就已经很危险了。”这时台下响起了更强烈的喧哗声。

生活原本就是简单的，是我们自己太过计较了，所以变得越来越复杂。太过计较的人总是追着幸福跑，用尽全力也抓不住飘忽不定、转瞬即逝的幸福。每跨出一步，前面意味着什么，得到什么或失去什么，人未动心已远，何止一个“累”字了得。

不要太过计较，糊涂一番又何妨？只有想得开，放得下，朝前看，才有可能从琐事的纠缠中超脱出来。假如对生活中发生的每件事都寻根究底，去问一个为什么，那实在既无好处，又无必要，而且破坏了生活的诗意。

生活的烦恼，一笑了之

1945年3月，罗勒·摩尔和其他87位军人在贝雅S·S318号潜艇上。当时雷达发现有一艘驱逐舰队正往他们的方向开来，于是他们就向其中的一艘驱逐舰发射了三枚鱼雷，但都没有击中，这艘舰也没有发现他们。但当他们准备攻击另一艘布雷舰的时候，它突然掉头向潜艇开来，可能是一架日本飞机看见这艘60英尺深的潜艇，用无线电告诉这艘布雷舰。

他们立刻潜到150英尺地方，以免被日方探测到，同时也准备应付深水炸弹。他们在所有的船盖上多加了几层栓子。3分钟之后，突然天崩地裂。6枚深水炸弹在他们的四周爆炸，他们直往水底——深达276米的地方沉去，他们都吓坏了。

按常识，如果潜水艇在不到500英尺的地方受到攻击，深水炸弹在离它17英尺之内爆炸的话，差不多是在劫难逃。

罗勒·摩尔吓得不敢呼吸，他在想：“这回完蛋了。”在电扇和空调系统关闭之后，潜艇的温度升到近40度，但摩尔却全身发冷，牙齿打战，身冒冷汗。15小时之后，攻击停止了，显然那艘布雷舰的炸弹用光以后就离开了。

这15小时的攻击，对摩尔来说，就像有1500年。他过去所有的生活都一一浮现在眼前，他想到了以前所干的坏事，所有他曾担心过的一些很无聊的小事。他曾经为工作时间长、薪水太少、没有多少机会升迁而发愁；他也曾经为没有办法买自己的房子，没有钱买部新车子，没有钱给妻子买好衣服而忧虑；他非常讨厌自己的老板，因为这位老板常给他制造麻烦；他还记得每晚回家的时候，自己总感到非常疲倦和难过，常常跟自己的妻子为一点小事吵架；他也为自己额头上的一块小疤发愁过。

摩尔说：“多年以来，那些令人发愁的事看来都是大事，可是在深水炸弹威胁着要把他送上西天的时候，这些事情又是多么的荒唐、渺小。”就在那时候，他向自己发誓，如果他还有机会见到太阳和星星的话，就永远永远不会再忧虑。在潜艇里那可怕的15个小时里，让他重新思考人生，他在这15个小时里所得到的人生感悟是他一生受用不尽的财富。

我们可以相信一句话：要解决一切困难是一个美丽的梦想，但任何困难都是可以解决的。矛盾和痛苦总是在与那些处在痛苦中的人玩游戏。转换看问题的视角，就是不能用一种方式去看所有的问题和问题的所有方面。如果那样，你肯定会钻进一条死胡同，处在混乱的矛盾中而不能自拔。